风味烧烤1688例

甘智荣 主编

江西科学技术出版社
·南昌·

图书在版编目（CIP）数据

风味烧烤1688例 / 甘智荣主编. -- 南昌：江西科学技术出版社，2017.11
ISBN 978-7-5390-6111-5

Ⅰ.①风… Ⅱ.①甘… Ⅲ.①烧烤－菜谱 Ⅳ.①TS972.129.2

中国版本图书馆CIP数据核字(2017)第260035号

选题序号：ZK2017204
图书代码：D17096-101
责任编辑：张旭　肖子倩

风味烧烤1688例

FENGWEI SHAOKAO 1688 LI

甘智荣　主编

摄影摄像　深圳市金版文化发展股份有限公司
选题策划　深圳市金版文化发展股份有限公司
封面设计　深圳市金版文化发展股份有限公司
出　　版　江西科学技术出版社
社　　址　南昌市蓼洲街2号附1号
　　　　　邮编：330009　电话：（0791）86623491　86639342（传真）
发　　行　全国新华书店
印　　刷　深圳市雅佳图印刷有限公司
开　　本　720mm×1020mm　1/16
字　　数　220千字
印　　张　22
版　　次　2018年1月第1版　2018年5月第2次印刷
书　　号　ISBN 978-7-5390-6111-5
定　　价　39.80元

赣版权登字：03-2017-370
版权所有，侵权必究
（赣科版图书凡属印装错误，可向承印厂调换）

目录 CONTENTS

第 1 章 烧烤入门篇

第 2 章 让人欲罢不能的肉

牛羊篇

鸡肉篇

海鲜篇

第 3 章
健康又美味的蔬果

水果篇

第 4 章 综合食材烤料理

串烧篇

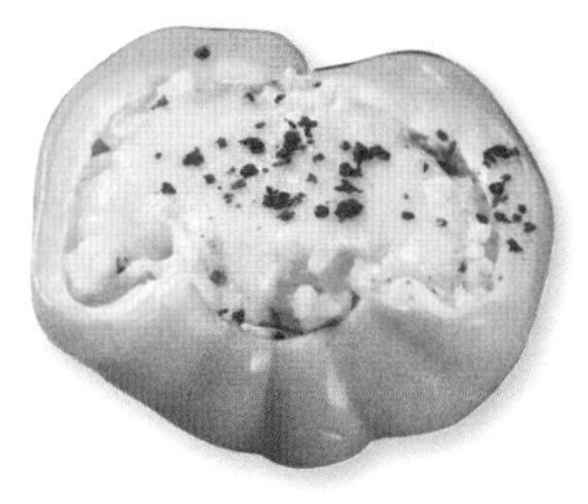

主食篇

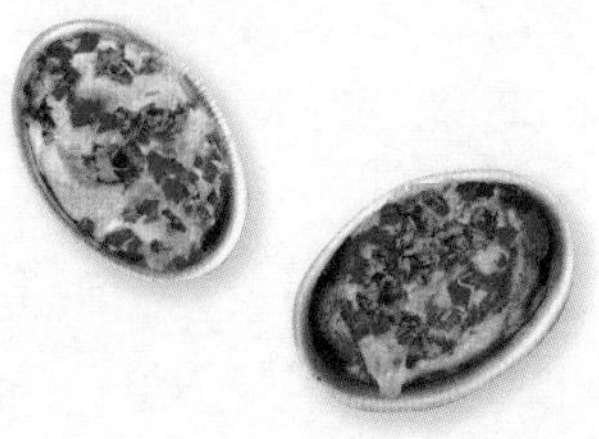

第1章

烧烤入门篇

学习烧烤，基础都是最重要的，先来了解食材与工具之后再来烹制美味，不要着急，美好的滋味等着你。

烤的多种形式展现

果木烤

果木烤即是用天然树木烤制食材，是最原生态、传承最久的烧烤燃料，比如苹果木、梨树木，还有国外熏烤中比较常用的山胡桃木。这些都是直接采伐树木，锯成段，再劈成合适的大小晾干后进行燃烧再烤制。天然果木烤制的食材会带着果木的香气，常被用于烤制肉类，如烤鸭、烤乳猪、烤全羊等，老作坊会用这种果木来烤制。不过这种东西明火烟大，不大适合普通家庭使用。

碳烤

碳烤是指用木炭烤制食材。木炭是保持木材原来构造和孔内残留焦油的不纯的无定形碳，有耐烧、温度容易控制等特点，而且在烤制时油脂或水分滴在烧好的木炭上会形成独特的烟火气息，食材吸收这样的烟火气，更是风味独特。但是跟果木烤一样，都是明火烟大，不适合在家经常烤制。

烤箱烤

电烤箱是利用电热元件所发出的辐射热来烘烤食品的电热器具，在烤箱里面 360 度循环加热，利用它我们可以制作烤肉类、蔬菜及烘烤面包、糕点等。根据烘烤食品的不同需要，电烤箱的温度一般可以调节，在家里操作方便，且没有明火烤制产生的油烟，非常适合在家操作。

必要的工具

烤箱

烤箱是用来烤食物或烘干产品的电器，分为家用型和工业用型，我们这里只谈家用型。家用烤箱可用来加工面食，如面包、披萨，也可做蛋挞、小饼干类的点心；还有些烤箱可以烤鸡肉、蔬菜等食物，做出的食物都香气扑鼻。

烧盘

烤盘可用于多种地方，是一种实用的烤制工具，既可放入烤箱使用，也可以放在烤架上盛装食材。

烧烤架

烤架是在野外烧烤最常用的烧烤工具，尺寸多样，可以根据自己的实际情况选择。一般烤架上层是烤网，下层是放在烧热的木炭进行烧烤，有些烤架还有密封盖子，可以进行熏烤。

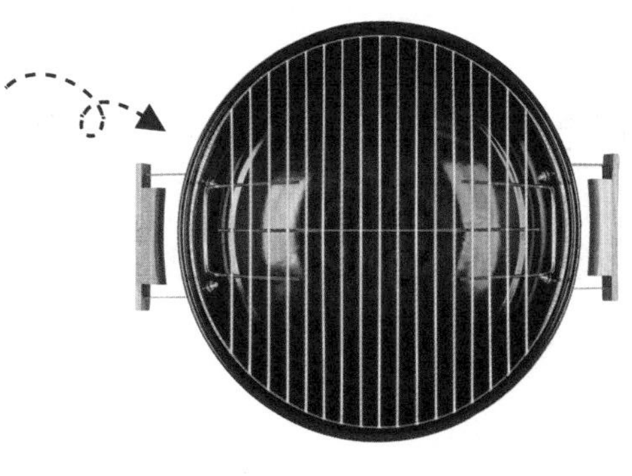

烤炉

烤炉是一种烧烤设备，可用来做羊肉串、烤肉等。烤炉分为 3 种：碳烤炉、气烤炉和电烤炉。其中气烤炉和电烤炉以无油烟、对产品无污染而备受欢迎，但还是以碳烤炉最为常见。闲暇时可以与三五好友带上烤炉到野外，一边聊天，一边享受烧烤的乐趣。

毛刷

毛刷主要用来在烤网上刷油，便于防止食物粘在烤网上。另外，毛刷还可用来蘸取酱汁，刷在烤肉等食物上，好让它们的味道更香浓、更入味。建议多准备几支毛刷，这样可避免烤制多种食物时互相串味。

烧烤叉

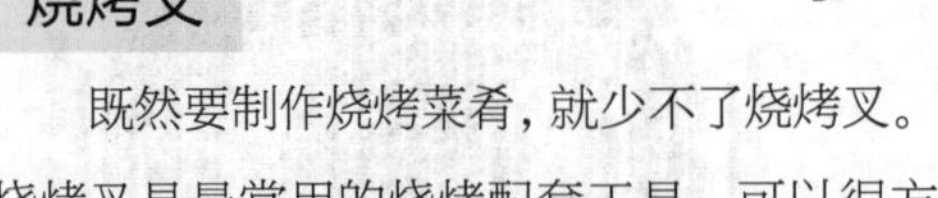

既然要制作烧烤菜肴，就少不了烧烤叉。烧烤叉是最常用的烧烤配套工具，可以很方便地将食物叉起来烤制。

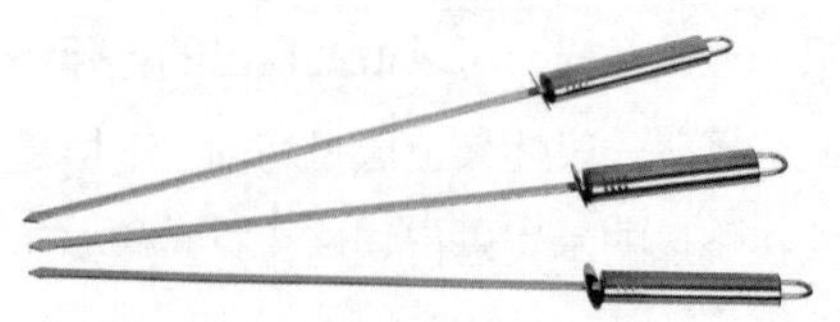

烤鱼夹

烤鱼夹主要用于烤鱼，防止鱼肉粘附在烤网上，使烤出来的鱼能保持完整，不会散架。使用后需要清洗干净。

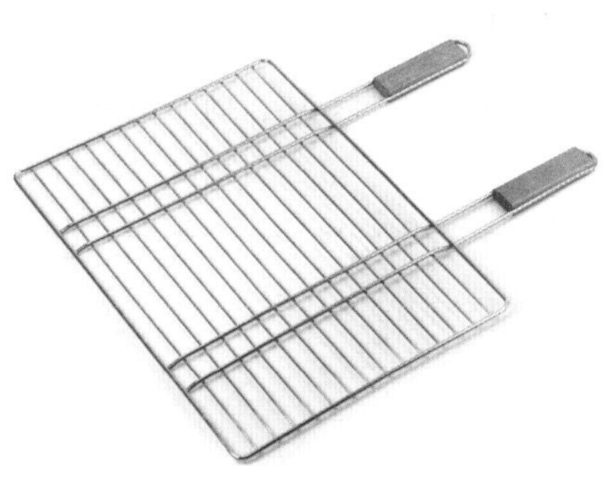

木炭

市面上常见的炭分为易燃炭、木炭、机制炭三种。易燃炭在户外用品店有售，有方形和饼形两种，表面有一层易燃层，比普通木炭更容易引燃，但价格偏贵。普通木炭相对来说比较便宜，可是条块大小不一，烧烤时火力不均，且燃烧时间短。

竹签

竹签主要用于穿烧烤食物。使用前先用冷水浸泡透，以免过于干燥，在烧烤时着火或断裂。在选购时，可选择稍长一些的竹签，以免接触时烫伤手。

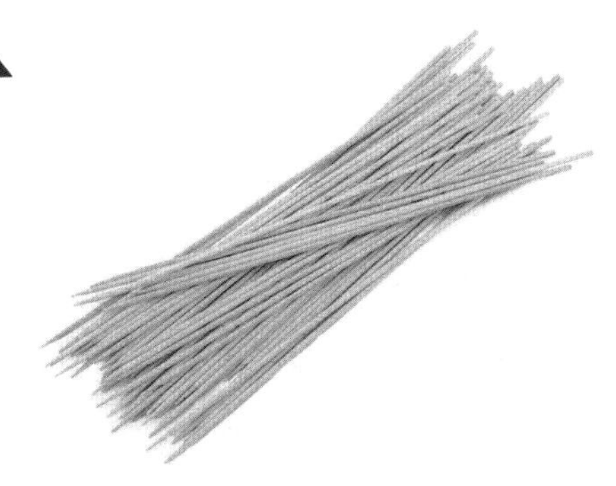

烧烤夹

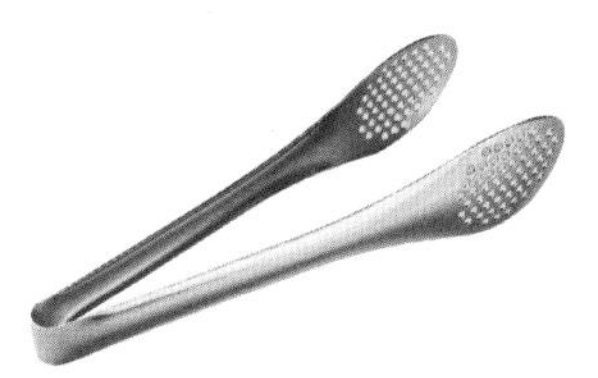

烧烤夹既可以夹取食物，又可以用来翻转食物，还可以用来夹取烤炭，一举三得。

剪刀

在烧烤的过程中，剪刀也是必不可少的工具之一，既可以剪碎易剪材料，又可以剪除食物被烧焦的部位，在装盘摆设时更加美观。

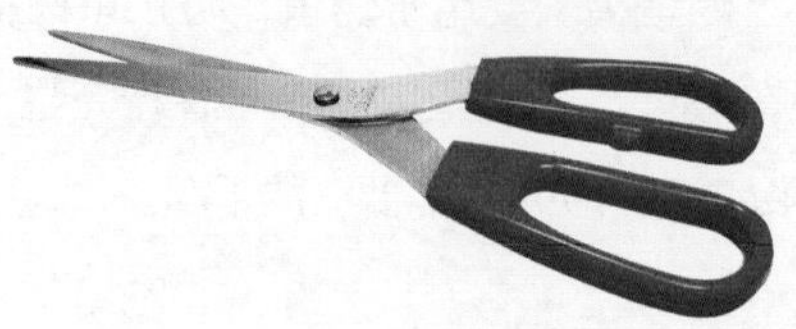

锡纸

有些食物（例如地瓜、金针菇等）必须用铝箔纸包着来烤，避免烤焦。另外，用铝箔纸包着海鲜、金针菇等食材来烤，可保留鲜味。

保鲜膜

保鲜膜是一种塑料包装制品，很多时候都会用到，特别是当天没吃完的食物在放入冰箱前需要铺一层保鲜膜，免受细菌感染。

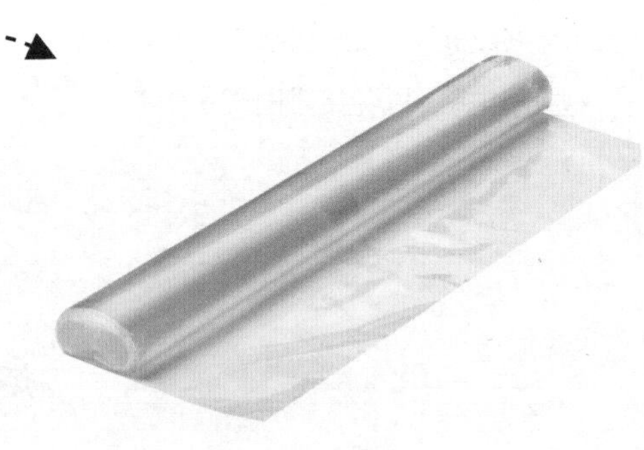

食材的选择

瓜果、菌菇类

瓜果的选择优先看表面的光泽，当然不同的食材都有不同的挑选方法，这里就列举些烧烤常用蔬菜的选择。

青椒：很多人喜欢吃烤青椒，但是挑选青椒却不是很清楚。选购青椒最好挑选颜色不是太暗的绿色，果蒂上的六边形形状是青椒在成长时养分充足的表现。

菌菇：选择背面菌丝干净整齐的，菌盖干燥且富有弹性，轻轻按压不易压塌下去，闻起来有天然食物的矿物质的香气，说明水分充足、食材新鲜。

叶菜类

烤制的叶菜要选择水分充足且茎叶饱满的，这样不易在烤制后影响口感，也不容易会出现烤焦的现象。

鸡肉

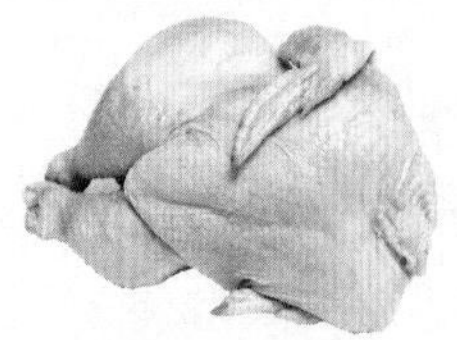

鸡肉在烧烤时用的最多是鸡腿与鸡翅，这两个部位是鸡身上运动最多的部位，肉质纤维细嫩且多汁，也是最能展现鸡鲜甜之味的部位。在挑选这两个部位时，皮肉富有光泽，而久放的鸡肉色泽转暗，不要选择上面有血块痕迹的，可能是在处理的时候血没放干净，烤制后会有一定的血腥味，影响肉的美味。

牛肉

在烧烤里牛肉可选择的部位就非常多了，牛排、牛里脊、牛五花、牛腿肉均可用来烤制。新鲜牛肉质地坚实有弹性，肉色呈鲜红色，肌纤维较细；嫩牛肉脂肪呈白色，肌肉横切面油花分布均匀，肉的颜色呈现深粉色。

羊肉

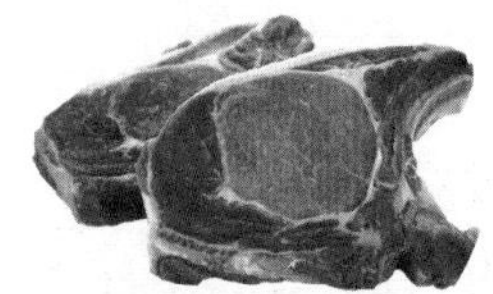

羊肉的里肌和内外脊肉，俗称扁担肉。外脊肉位于脊骨外面，呈长条形，外面有一层皮带筋，纤维呈斜形，肉质细嫩，无需配上油脂烤制就能在烤后将肉的鲜嫩多汁完美呈现；而羊腰窝的部位俗称五花，位于肚部肋骨后近腰处，肥瘦互夹，纤维长短纵横不一，肉内夹有三层筋膜，肥瘦相间适合制成羊肉串，烤制后油香四溢，能最好展现羊肉的美味。

猪肉

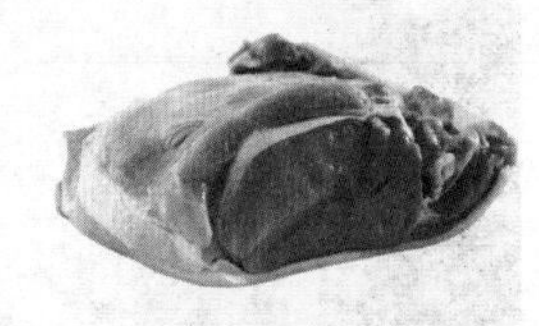

猪肉是日常中最常见的肉类，一般烧烤最好是选择油脂比较丰富的部位，如五花肉、猪颈肉、猪梅肉这样的部位。五花肉一般是选择三层肉的部位，油脂与瘦肉层层交错，形成了独特的口感；猪颈肉是属于油花成分散式地分布于瘦肉内，这部位较为鲜嫩多汁，烤制完成会能最大程度地保持肉的原本的鲜甜；猪梅肉可说是猪肉最精华的部位了，每只猪身上只有两块猪梅肉，这部位瘦肉鲜嫩，处理成肉排最为恰当，简单地烤制就会非常美味。

鱼类

鱼类主要是通过看与摸来进行挑选。活鱼只限于淡水鱼，活泼好游动，对外界刺激有敏锐的反应，无伤残，不掉鳞，体色发亮，喜欢在鱼池底部、中间游动的鱼品质最佳。鲜鱼体硬不打弯，眼睛明亮，鳃盖紧合，鳃鲜红，鳞片紧附鱼体，体两侧有光泽，肉质紧密富有弹性，稍有腥味的鱼品质佳。冻鱼有海鱼和淡水鱼。冻鱼质量好坏与冷冻时鱼的质量有密切关系，海鱼肉呈蒜瓣状，新鲜的冻鱼能清楚地看到肉质纹理，闻起来没什么腥味。

贝类

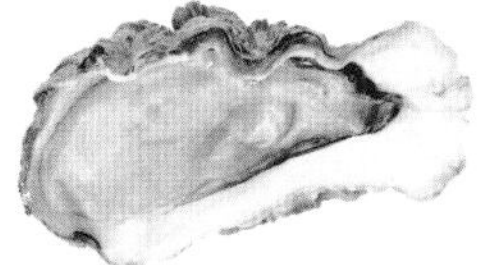

烧烤贝类是必不可少的，不管是海贝还是河贝都是烧烤里的热销货，而烹制贝类最怕遇到的是死贝，所以在挑选的时候要看贝类在水里的活性程度。贝壳要是微微张开，且有贝肉出来说明贝类是活的；有些贝有贝舌，贝舌伸出在你触碰后立刻收回，说明贝类活性很好。

蘸酱与腌料

蜂蜜芥末酱

材料：

戎籽芥末酱 15 克

蜂蜜 8 克

融化黄油适量

做法：

材料全部装入碗中，充分搅拌均匀即可。

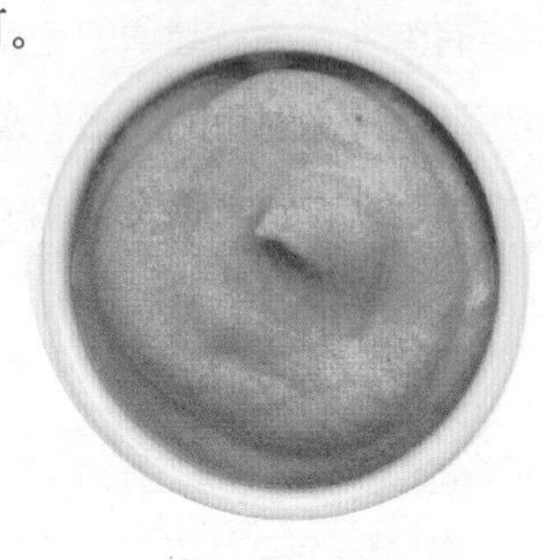

莎莎酱

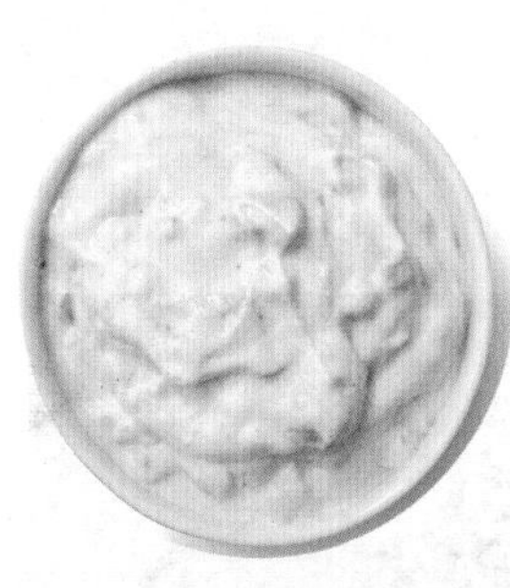

材料：

西红柿 250 克

洋葱 80 克

墨西哥青椒 1 个

柠檬 1 个

香菜、大蒜各适量

盐适量

做法：

1. 西红柿切丁；洋葱、大蒜、香菜切碎；墨西哥青椒去籽，也切碎。
2. 全部材料装入碗里混合，加入少量盐，挤大约 1 个柠檬的汁，拌匀即可。

蒜香剁椒酱

材料：

剁椒 40 克

大蒜 60 克

葱花、盐各适量

食用油适量

芝麻油适量

做法：

1. 大蒜去皮切碎，装入碗中，再将剁椒放入大蒜内。
2. 热锅注入食用油、芝麻油烧热，将热油浇入大蒜内，放入盐、葱花，充分拌匀即可。

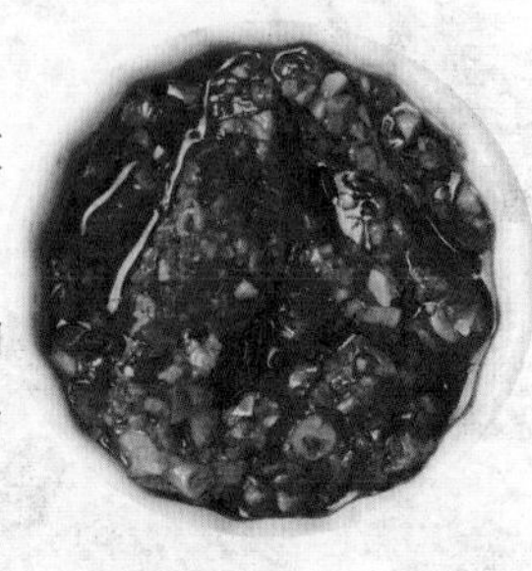

泰式酸辣酱

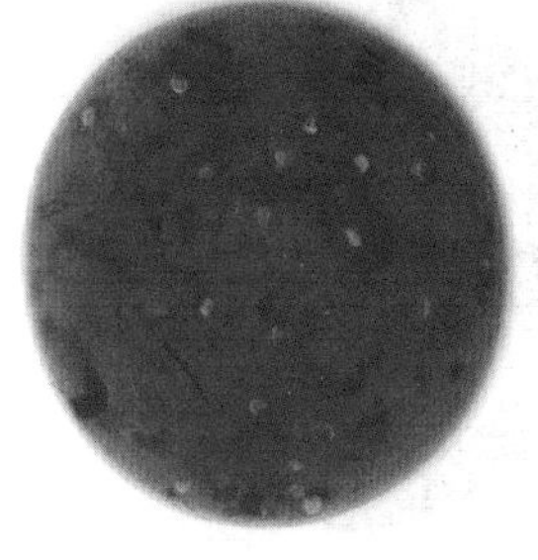

材料：

朝天椒 7 个

柠檬汁 30 毫升

白醋 80 毫升

白砂糖 80 克

水 150 毫升

水淀粉 10 毫升

做法：

1. 将柠檬汁、白醋、白砂糖、水倒入搅拌机，加入去蒂的朝天椒，打磨成汁。
2. 将打好的汁倒入锅中，小火加热，保持沸腾状态并不断搅拌，让水分慢慢蒸发。
3. 待锅中汤汁蒸发到剩下约为 1/3 时，倒入水淀粉调匀勾芡。

柚子胡椒酱

材料：

柚子皮 30 克

青尖椒 100 克

红椒 20 克

盐、胡椒各适量

做法：

1. 将柚子皮的白色部分剔干净后切碎，青尖椒洗净去蒂后切成小粒。
2. 柚子皮、红椒和青尖椒一起倒入研磨碗中，加入盐、胡椒，将食材一起研磨融合即可。

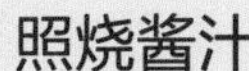

照烧酱汁

材料：

蜂蜜 10 克

生抽 20 毫升

料酒 15 毫升

苹果泥少许

白砂糖 8 克

做法：

锅中注入少许清水，倒入生抽、料酒、白砂糖，加热煮沸，倒入蜂蜜、苹果泥，继续煮 10 分钟，将照烧汁滤出即可。

红酒酱汁

材料：

红酒 50 毫升

红酒醋 8 毫升

蜂蜜少许

做法：

1. 蜂蜜、红酒醋装入碗中，稍稍搅拌。
2. 红酒倒入奶锅内，低温较热至沸后放凉片刻，倒入材料碗中，拌匀后倒入蜂蜜，搅拌即可。

蒲烧酱汁

材料：

清酒 20 毫升

生抽 30 毫升

味淋 20 毫升

白砂糖 30 克

盐 8 克

鱼高汤 150 毫升

做法：

1. 锅中少许清水，倒入鱼高汤，加入生抽、味淋。
2. 再倒入清酒、白砂糖、盐，搅拌匀烧开后续煮 10 分钟即可。

食材的处理

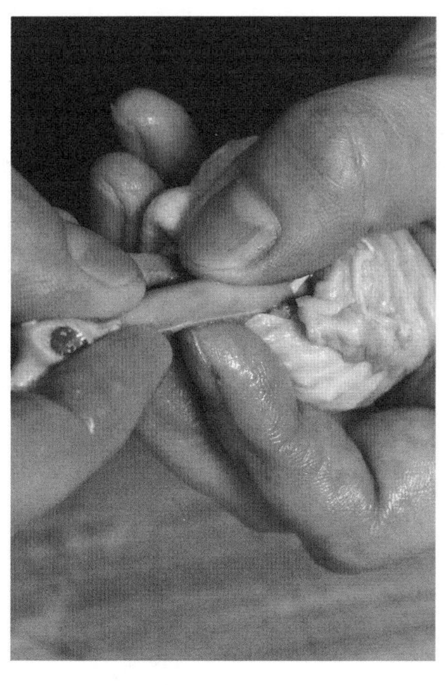

鸡翅的处理

鸡翅基本属于要前期腌制的食材，肉质肥厚，多汁美味，所以腌制时不要加入盐，以免使烤制后的鸡翅变干变柴，但是腌制前也是需要做一些刀工处理的，一种是两面划上刀痕，腌制时会更入味；一种是将鸡翅两端软骨剪去，用手将两根鸡骨头抽出来，再进行腌制，会十分美味，而且食用也非常方便。

贝类的处理

小型贝类一般会用锡纸包着进行烤制，或者直接将新鲜的贝类放在烤架上烤制，但是如带子或大型的海贝，会将贝壳撬开，去除掉内脏。大型海贝的贝柱都会较厚，去除内脏后会将贝柱对半切开后再进行加热，这样也会让贝肉更容易受热。

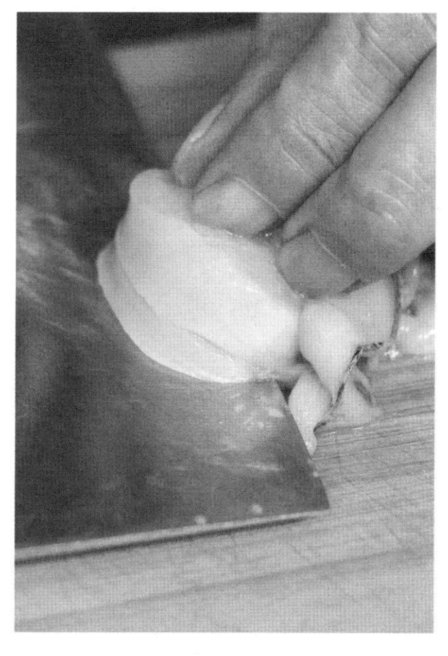

鸡肉串

制作鸡肉串一般选择用鸡腿肉制作，而且保留鸡皮一起烤制，鸡皮中的油脂经过加热后会浸入与鸡肉一起搭配的其他食材中，增加肉串的风味。

肉丸串

这里的肉丸不是特指某种肉，是混合肉丸，可用牛肉混合猪肥肉糜一起,或是羊肉或猪肥肉糜一起，再加入洋葱，还有少许调味料，一起将肉末搅拌上劲,再制造成肉丸。不管是什么方式的烤法，肉丸都鲜美多汁，风味独佳。

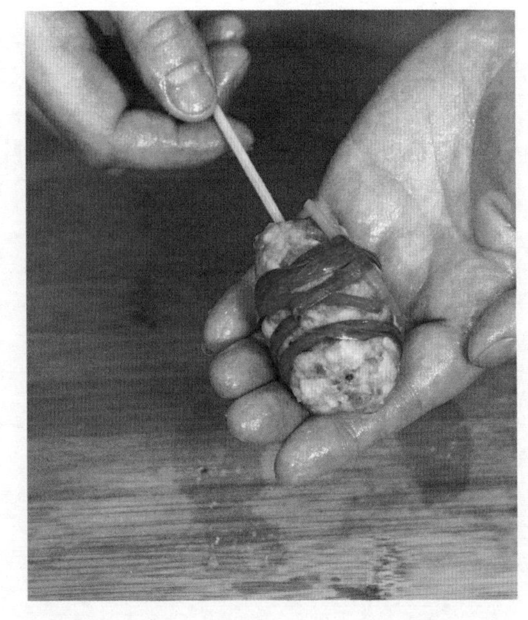

猪肉串

一般会选择五花肉或里脊肉进行制作，五花肉要剔去难以烤熟的猪皮后片成薄片，单纯地卷起来或者里面包裹蔬菜后再进行烤制；而里脊肉切片或小丁，直接腌制后串起来烤制就非常美味。

混合食材串

一般在制作时都会选择肉类蔬菜一起搭配，或者海鲜与水果搭配，这样混合搭配可以在营养摄入上更均衡，还能将肉类的美味与海鲜的鲜甜更为突出，是现在时下热门的烧烤种类。

更好吃更健康的搭配与处理方法

烤肉虽然美味，但吃起来仍不免让我们有所顾虑：因为烤焦的蛋白容易致癌，有时还会吃坏肚子。营养学家告诉我们：其实，在烤和吃的过程中多加注意，美味和健康一样可以兼得。下面就来看看，哪些烧烤方法是错误的：

错误一

烤得太焦：烧焦的物质很容易致癌，而肉类油脂滴到炭火时，产生的多环芳烃会随烟挥发附着在食物上，也是很强的致癌物。

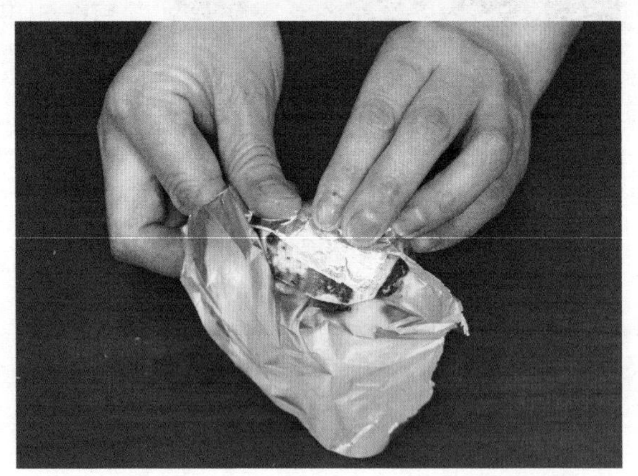

解决办法：烤肉时最好用锡箔纸包起，以避免吃下致癌物。一旦烧焦，一定要将烧焦的部位扔掉，绝对不可食用。

错误二

烤肉酱放得太多：一般在烤肉前用酱油等腌制，而烤时又需加入许多烤肉酱，这样会导致吃下过多盐分。

解决办法：最好的方式是用低盐酱油腌制，如此就不需再使用烤肉酱；或者烤肉酱在使用前先加饮用水稀释，如果因此太稀而不好沾附，可加点太白粉勾芡。

错误三

生熟食器具不分：烤肉时生熟食所用的碗盘、筷子等器具没有分开，易导致交互感染而吃坏肚子。

解决办法：准备两套餐具，以避免熟食受到污染。除了烧烤方法，我们对烤肉太油腻的担忧也可以通过食材搭配来解决。

错误四

胆固醇太高，纤维太少：烤肉经常以肉类和海鲜为主，胆固醇含量很高，纤维摄入往往不足。

解决办法 1：应多选用茭白、青椒等食物，还可在吃完烧烤后多摄取柳橙、猕猴桃等维生素含量较高的水果，不仅热量低，富含很多矿物质，还有丰富的果胶及纤维质，可以促进身体的循环代谢，帮助消化，促进排便，降低胆固醇。另外维生素 C 也有很好的防癌效果，可以很好地均衡掉烧烤中的有害物质，起到保持健康的作用。

解决办法 2：不要单一地只吃肉，多注意菜肉搭配，不仅营养均衡，也能化解肉的油腻感。

烧烤常遇到的问题

为什么食物容易烤焦?

食物中大多是碳水化合物，经过加热后的碳水化合物中的水分会蒸发，变得干燥且容易燃烧，而肉类中含有大量的脂肪，脂肪的燃点非常低，所以也容易烤焦。要是出现烤焦的现象：一是烤箱烤制的话，将温度先降低，或者不要让食材直接接触高温，用锡纸包裹之后再进行烤制，而且能很好地保持食物的原味；二是用明火烤制的时候，先将火堆拨散，降低温度，或者在烤架上放一小块冰块，将火势变小，不要将食物放在明火的正上方。

为什么烤制好的肉又柴又干?

建议提前腌制时不要加入盐，因为有盐分的肉类在加热过程中很快就会老掉、柴掉，所以最好先直接烤肉，均匀地在外层烤出焦皮，锁住肉汁，之后再往上加调料。不用担心不入味，因为肉汁本身也是有味道的，加上外面一层薄薄的调料，味道会很合适。

我自己腌制的食材为什么总是不入味?

腌制食物不入味，第一可能是腌制的时间不够，还有腌制比较厚的肉排的时候，可用刀尖在肉上戳上小洞，再进行腌制，最好放入冰箱冷藏腌制一晚上。要是在腌制鸡腿或整鸡这类有骨头关节的肉类，可事先活动关节，将关节调松后再腌制，而且在腌料中加入少许酒或者蜂蜜这种含有酵素性物质的食材，里面的活性物也可以催化食物更易入味，也会使肉类更多汁美味。

第2章 让人欲罢不能的肉

吃烧烤怎么少得了肉类食材？鲜美可口、油脂丰富，让人停不下口，回味悠长。

香烤特色陈皮排骨

烹饪时间
21 分钟

原料

排骨230克，陈皮丝45克，葱段、姜丝各少许

调料

盐1克，生抽、料酒、水淀粉各5毫升，食用油适量

喜欢偏辣口味的话，可加入适量红椒腌渍排骨。

做法

1 洗净的排骨装碗，倒入陈皮丝。
2 放入葱段、姜丝，加入料酒、生抽、盐、水淀粉、适量食用油，拌匀，腌渍5小时至入味。
3 备好烤箱，取出烤盘，铺上锡纸，刷上一层油，放上腌好的排骨。
4 排骨放入烤箱，将上下火温度调至200℃，烤20分钟至熟透入味即可。

黑椒蜜汁烤猪蹄

烹饪时间
14 分钟

原料

熟猪蹄 300 克，蜂蜜 15 克，辣椒粉 10 克，熟芝麻适量

调料

黑胡椒粉、孜然粉、食用油各适量

小贴士

蜂蜜要涂抹均匀，烤好的成品色泽才鲜丽透亮。

做法

1 将备好的熟猪蹄切小块，猪蹄装在烤盘中，均匀地刷上食用油，抹上蜂蜜。
2 撒上黑胡椒粉、辣椒粉，放入熟白芝麻、孜然粉，拌匀。
3 推入预热好的烤箱，关好箱门，调上下火温度为 180℃，烤约 10 分钟，至食材入味。
4 断电后打开箱门，取出烤盘即可。

①

②

③

④

烤箱排骨

烹饪时间
28 分钟

原料

排骨段 270 克，蒜头 40 克，姜片少许

调料

盐、鸡粉各 2 克，白胡椒粉少许，蚝油 5 克，料酒 2 毫升，生抽 3 毫升，食用油适量

做法

1 排骨放入沸水中，加入少许料酒。

2 汆煮去除血水后捞出，装入碗中。

3 加蒜头、姜片、料酒、生抽、蚝油、白胡椒粉、盐、鸡粉，腌渍至入味。

4 烤盘中均匀地刷上底油。

5 放入腌渍好的排骨段，铺平。

6 推入预热好的烤箱，以上下火 200℃烤约 20 分钟，至食材熟透。

小贴士

排骨段的个头儿应小一些，更容易烤熟透。

①

②

③

④

⑤

⑥

香烤五花肉

烹饪时间
15 分钟

原料

熟五花肉 180 克，去皮土豆 160 克，韩式辣椒酱 30 克，蜂蜜 20 克，葱花少许

调料

盐、鸡粉各 1 克，胡椒粉 2 克，蚝油 5 克，老抽 3 毫升，生抽 5 毫升

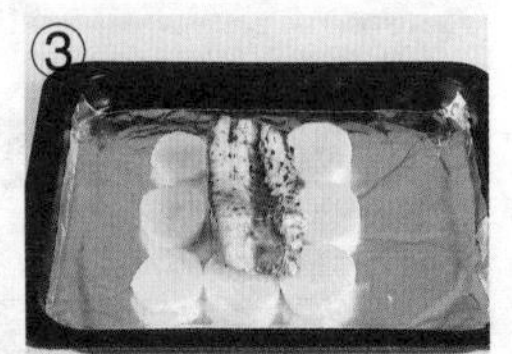

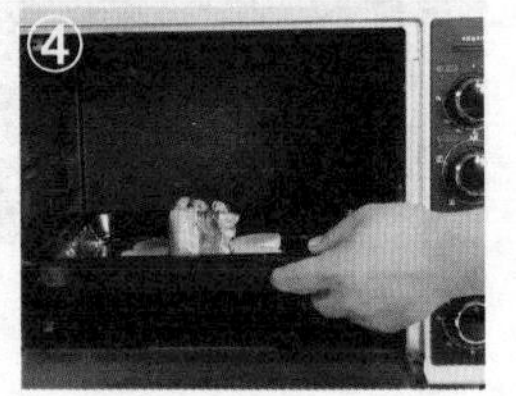

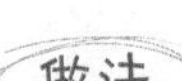

做法

1 土豆洗净切片；将葱花、蜂蜜、韩式辣椒酱、盐、鸡粉、老抽、胡椒粉、蚝油、生抽放入空碗中，制成调味汁。

2 熟五花肉装盘，并在其表面刷上调味汁；烤盘铺上锡纸，放上土豆片、五花肉，以上、下火 200℃烤至五六成熟。

3 将五花肉翻面，再放入烤箱中烤 15 分钟至熟透入味。

4 取出烤盘，将烤好的五花肉切成片，摆在切好的土豆片上即可。

小贴士

腌好的五花肉可冻一晚上，会更美味。

碳烤猪舌

烹饪时间
7 分钟

原料

猪舌 300 克

调料

生抽 10 毫升，盐 3 克，烧烤粉、辣椒粉、烤肉酱各 5 克，孜然粉、食用油各适量

做法

1 猪舌洗净，汆烫捞出，用刀刮去舌苔，再放入沸水中，加盐、生抽煮至熟，捞出切片。
2 将猪舌片用鹅尾针穿成串后，放到刷过食用油的烧烤架上。
3 撒上盐、辣椒粉、烧烤粉、孜然粉，刷上烤肉酱，用中火烤 2 分钟至变色。
4 将烤串翻面，再刷食用油，撒上盐、辣椒粉、孜然粉，刷上烤肉酱，撒上烧烤粉，用中火烤熟后装盘即可。

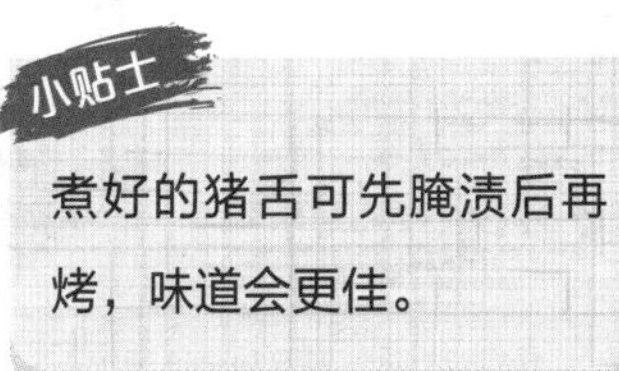

小贴士

煮好的猪舌可先腌渍后再烤，味道会更佳。

蒜香烤排骨

烹饪时间
38 分钟

原料

排骨块 180 克，大蒜 20 克

调料

食用油、盐各适量

做法

1 沸水锅中倒入洗净的排骨，汆煮去除血水和脏污，捞出汆好的排骨，沥干水分待用。

2 大蒜切成细末，倒入烧热的油锅中，煎出香味。

3 再倒入汆烫好的排骨，煎至两面上色。

4 将煎好的排骨装入焗盘中，浇上锅底的蒜油。

5 再用锡纸将焗盘全面封牢。

6 放入预热好的烤箱内，上下火 180℃烤制 30 分钟即可。

小贴士

汆煮排骨时可加入适量料酒，去腥效果更佳。

烤香辣大肠

烹饪时间 17 分钟

原料

猪大肠 500 克

调料

盐 4 克，烧烤粉 5 克，辣椒粉 8 克，烧烤汁、生抽各 5 毫升，孜然粉、食用油各适量

小贴士

猪大肠的异味很重，煮的时候可多放点生抽去味。

做法

1 猪大肠洗净入锅，加盐、生抽，用大火煮至熟透，捞出切成段，用竹签穿成串。

2 烧烤架上刷食用油，放上大肠串，用中火烤 2 分钟至变色。

3 将盐、烧烤粉、辣椒粉、孜然粉撒到肠串上，略烤，翻面，再撒盐、烧烤粉、辣椒粉、孜然粉，刷烧烤汁，用中火烤至入味。

4 翻转肠串，刷上烧烤汁，用中火烤 1 分钟至熟，再翻面，撒上辣椒粉，将烤好的肠串装盘即可。

烤猪肉片

烹饪时间
10分钟

原料

猪排肉400克，生菜50克，姜汁8毫升，清酒20毫升，葱末10克，蒜末8克

调料

生抽5毫升，辣椒酱15克，辣椒粉10克，糖15克，胡椒粉2克，芝麻油20毫升，食用油10毫升

做法

1 猪排肉切成大片装入碗中，放入姜汁、清酒、蒜末、葱末、芝麻油。

2 再放入糖、胡椒粉、辣椒粉、辣椒酱，将食材搅拌均匀，腌渍10分钟入味。

3 备好的烤架加热，用刷子抹上食用油，待用。

4 将腌渍好的烤肉放在烤架上。

5 在烤肉上用刷子刷上食用油、生抽，用中火烤3分钟。

6 翻面，续烤3分钟左右至肉片熟，再放在洗净的生菜叶上即可。

猪肉要切大块一点，用调料腌渍后烤，口感会更好。

花生酱烤肉串

烹饪时间
15 分钟

原料

白芝麻 10 克，猪肉 200 克

调料

盐、鸡粉各 2 克，花生酱 20 克，料酒、生抽各适量，黑胡椒 5 克

做法

1 处理好的猪肉对切，切成片。
2 猪肉装入碗中，放入盐、鸡粉、料酒、生抽、黑胡椒，拌匀。
3 将猪肉依次串起来，均匀地刷上花生酱，撒上白芝麻。
4 烤盘上铺上锡纸，刷上食用油，放入肉串。
5 再放入烤箱，温度上下火调为 220℃，定时烤 15 分钟。
6 待时间到打开门，将烤盘取出，将烤好的肉串装入盘中。

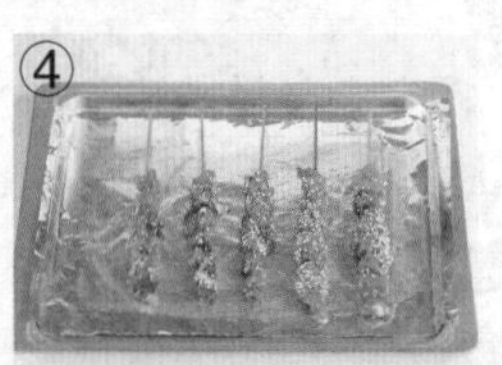

猪肉可多腌渍片刻，味道会更鲜嫩。

韩式五花腩

烹饪时间
10 分钟

原料

五花肉片 150 克

调料

芝麻油 10 毫升，烧烤汁 5 毫升，OK 酱、烤肉酱、烧烤粉、辣椒粉各 5 克，柱候酱 3 克，孜然粉适量

做法

1 将五花肉装入碗中，加入适量烧烤汁、烧烤粉、辣椒粉、烤肉酱，再加入柱候酱、OK 酱、芝麻油，用筷子拌匀，撒入孜然粉，拌匀。

2 再腌渍 20 分钟，至其入味，用烧烤针将其呈波浪形串好，备用。

3 将肉串放在烧烤架上，大火烤至变色，翻面，撒上孜然粉，用大火烤 3 分钟至变色。

4 将肉串翻面，撒上适量孜然粉，用大火烤 1 分钟，再次翻面，用大火烤 1 分钟至熟即可。

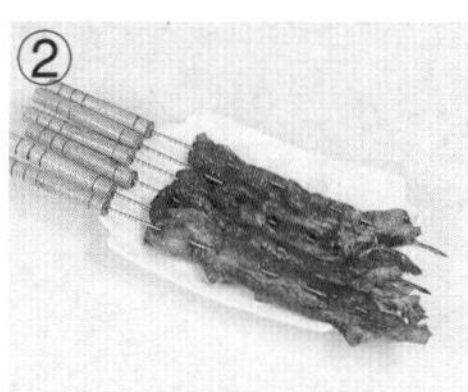

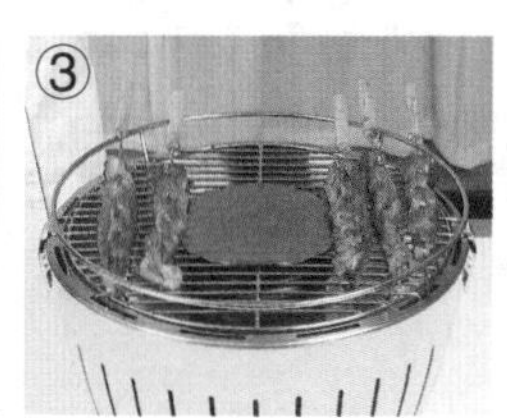

蜜汁烤带骨猪扒

烹饪时间
15 分钟

原料

带骨猪扒 300 克

调料

蜂蜜 20 克，蒙特利调料 10 克，烧烤汁、孜然粉、辣椒粉、食用油各适量

做法

1 用刀背轻拍猪扒使肉质松散，再平铺盘中。

2 猪扒两面均匀地撒上蒙特利调料、孜然粉、辣椒粉。

3 再抹上蜂蜜、烧烤汁，腌渍 30 分钟。

4 烧烤架上刷上食用油，放上猪扒，两面各用中火烤约 5 分钟至变色。

5 把猪扒翻面，刷适量食用油，烤约 5 分钟。

6 再次翻面，刷上烧烤汁、蜂蜜、食用油，烤约 1 分钟至熟，将烤好的猪扒装盘即可。

猪扒的油脂较少，不要烤制太久，以免影响口感。

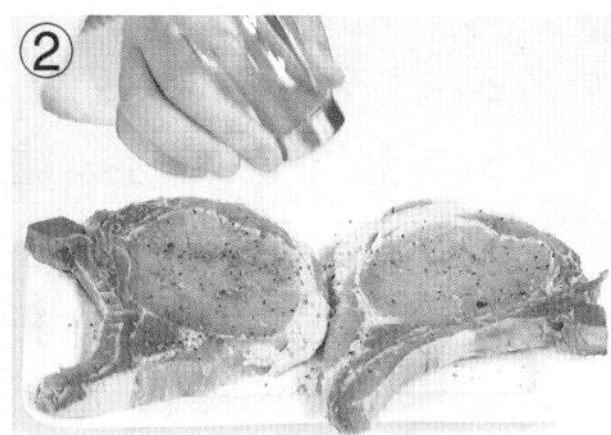

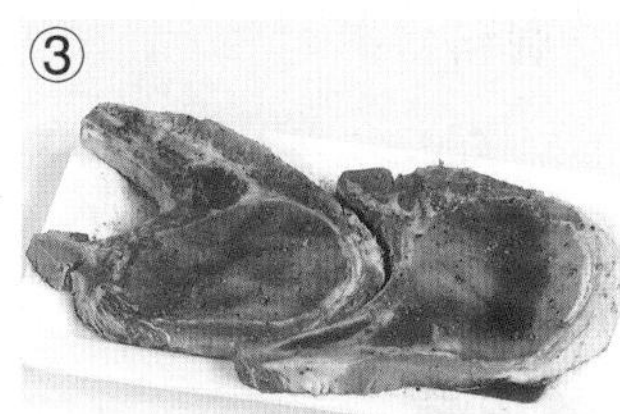

蜜汁烤肉

烹饪时间
12分钟

原料

瘦肉180克

调料

黑胡椒粉10克，蜂蜜20克，烧烤粉20克，盐3克，食用油适量

小贴士

腌渍肉片时也可加入适量食用油，口感会更细滑。

做法

1 瘦肉切成1厘米厚的片，放入碗中，加入盐、生抽、黑胡椒粉、烧烤粉、蜂蜜，拌匀，腌渍2小时。
2 将腌渍好的肉片用竹签串成串。
3 烤盘用锡纸铺上，往锡纸上刷油，放上肉串，再在肉串上刷上食用油待用。
4 将烤盘放入烤箱，将上下火温度调至180℃，时间设置为10分钟即可。

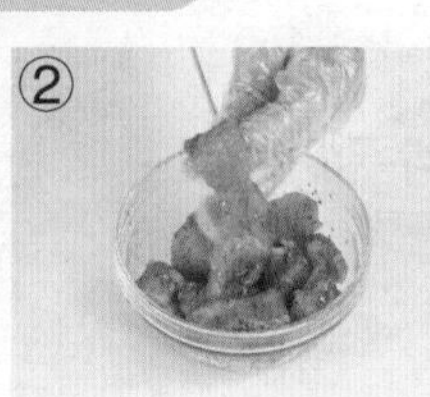

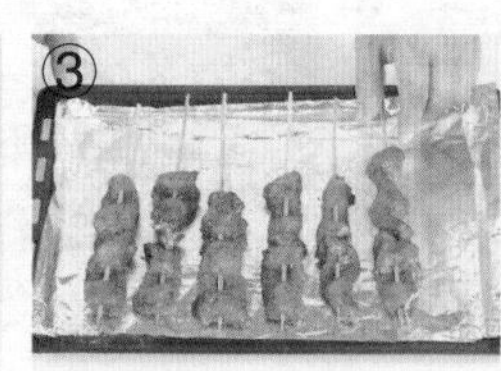

香烤五花排

烹饪时间
8分钟

原料

猪肉200克，蜂蜜15克

调料

橄榄油8毫升，盐3克，鸡粉5克，黑胡椒适量

做法

1 将洗净的猪肉去皮、切厚片，加适量盐、黑胡椒碎、鸡粉、橄榄油、蜂蜜，拌匀，腌渍30分钟，至其入味，备用。

2 将腌好的猪肉放在烧烤架上，用中火烤3分钟至变色。

3 翻面，刷上少许蜂蜜，用中火烤3分钟至上色。

4 再翻面，用中火烤半分钟至熟即可。

小贴士

烤制时油脂滴在烧着的木炭上容易引起明火，这时撒上少许清水即可解决。

蜜汁猪颈肉

烹饪时间
17 分钟

原料

猪颈肉 300 克，蜂蜜 30 克，生姜末适量

调料

盐适量

做法

1 处理好的猪颈肉切成厚薄一致的薄片。

2 将肉片装入碗中，加入姜末、蜂蜜。

3 充分拌匀后腌渍 1 小时。

4 腌好的肉片铺在烤架上，以中火慢慢烘烤去除多余油分。

5 再取蜂蜜均匀地刷在肉片上，将肉片翻面。

6 撒上适量的盐，继续慢慢烤制，将其烤制入味，再加碳，以大火将肉表面烤脆即可。

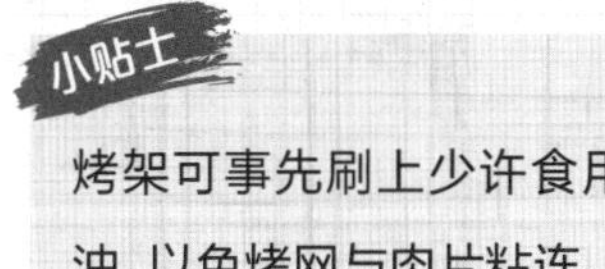

烤架可事先刷上少许食用油，以免烤网与肉片粘连。

果香嫩烤猪扒

烹饪时间
8 分钟

原料

菠萝 50 克，木瓜 100 克，猪排肉 200 克，柠檬汁、辣椒粉各适量

调料

盐、食用油各适量

做法

1 处理好的猪排肉切厚片，菠萝、木瓜均切成小块。

2 水果倒入搅碎机内，加入辣椒粉、盐、柠檬汁，将其搅碎制成腌料后倒入碗中，再将猪排肉完全浸入，放入冰箱冷藏腌一晚上。

3 腌渍好的猪排肉取出清洗干净，放入注油的煎锅内，以大火煎至上色。

4 将整个煎锅放入预热好的烤箱内，以上下火 150℃烤制 4 分钟即可。

小贴士

腌料的味道可以根据自己喜好加入不同的香料。

蒜香烤猪肝

烹饪时间
5 分钟

原料

猪肝 180 克，牛奶 200 毫升，蒜末少许，葱花适量

调料

盐适量

做法

1 猪肝洗净浸泡在牛奶中 10 分钟，去除多余的腥味。
2 将猪肝捞出洗净后装入碗中，加入蒜末，拌匀。
3 猪肝铺在烤架上，烤至猪肝片四周转色。
4 将猪肝翻面，继续烤制 2 分钟后装入盘中，撒上葱花即可。

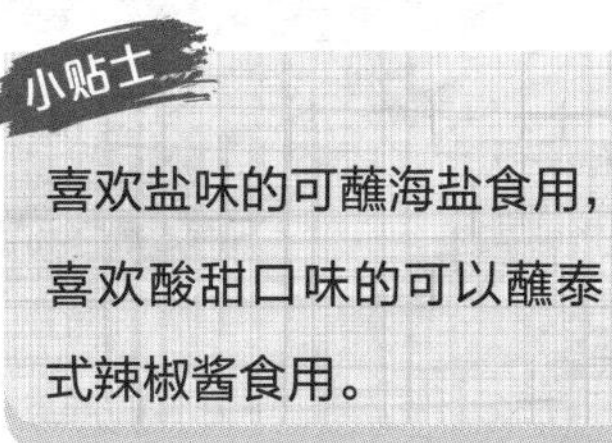

小贴士

喜欢盐味的可蘸海盐食用，喜欢酸甜口味的可以蘸泰式辣椒酱食用。

蒲烧猪肋条

烹饪时间
50 分钟

原料

猪肋条 150 克，蒲烧汁 100 毫升，大蒜 30 克，大葱片 10 克

调料

食用油适量

每个烤箱的温度均有偏差，烤制温度也要随自己的烤箱情况来调整。

做法

1 锅中注水烧开，倒入猪肋条，煮去血水与杂质，将其余煮片刻后捞出，沥干水分。

2 猪肋条装入容器中，放上姜片、大葱片，浇上部分蒲烧汁，腌渍 20 分钟。

3 锅中注入油烧热，放入腌好的猪肋条和大蒜，煎至上色。

4 将煎好的猪肋条装入烤盘，放上葱片，浇上蒲烧汁。

5 容器上盖上锡纸。

6 放入预热好的烤箱内，以上下火 180℃烤制 45 分钟，待时间到取出，将肉汁倒回锅中大火加热，收汁后浇在猪肋条上即可。

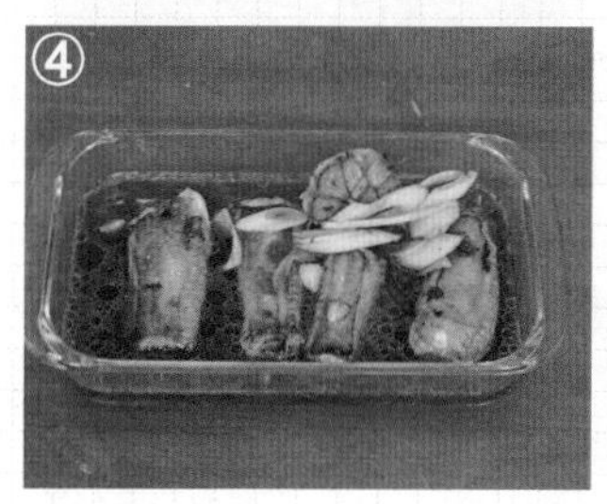

香烤德式小猪脚

烹饪时间
25 分钟

原料

猪脚 300 克，生姜 30 克，大葱 40 克，土豆片、胡萝卜片、洋葱块各适量，蜂蜜少许

调料

盐、食用油各适量

煮猪脚时也可放入不同的蔬菜熬煮，更添风味。

做法

1 锅中注水烧开，放入猪脚，煮 10 分钟，捞出后浸泡冷水。

2 锅中再注水，放入盐、生姜、大葱、猪脚，盖上锅盖，煮开后转中火煮 1 个半小时。

3 将土豆、胡萝卜、洋葱铺在焗盘上，将煮好的猪脚装入盘中，刷上食用油、蜂蜜。

4 焗盘放入预热好的烤箱内，以上下火 180℃烤制 20 分钟即可。

蒜香蜜烤猪颈肉

烹饪时间
20 分钟

原料

猪颈肉 250 克，柠檬片 2 片，蒜末适量

调料

盐、料酒各适量

做法

1 处理好的猪颈肉切厚片，待用。

2 用料酒、蒜末将猪肉片抹匀，盖上保鲜膜，放入冰箱冷藏半小时；取出，将肉片放在烤架上。

3 盖上备好的柠檬片，大火烤制。

4 烤出油脂后将其翻面，撒上盐，将两面烤至金黄色熟透即可。

肉排较厚，用刀尖在肉排上戳几个小洞会更易烤熟。

蜜汁猪扒

烹饪时间
8 分钟

原料

猪颈肉 200 克

调料

生抽 5 毫升，蜂蜜 15 克，橄榄油 8 毫升，盐 3 克，鸡粉 5 克，黑胡椒碎、食用油各适量

做法

1 在洗净并切成厚片的猪颈肉上放入适量鸡粉、盐。

2 再加入生抽、黑胡椒碎、橄榄油、蜂蜜，拌匀，腌渍 30 分钟，至其入味，备用。

3 在烧烤架上刷适量食用油，将腌好的猪颈肉放在烧烤架上，用中火烤 3 分钟至变色。

4 翻面，刷上少许蜂蜜，用中火烤 3 分钟至上色，再翻面，用中火烤半分钟至熟即可。

因其他调料较多，可以不加盐或少加盐。

烤箱牛肉

烹饪时间 17分钟

原料

牛肉120克，洋葱80克，姜片少许

调料

盐、鸡粉、胡椒粉各1克，料酒、生抽、食用油各5毫升

做法

1 洗好的洋葱切丝；洗净的牛肉切片，装入碗中。

2 倒入姜片、洋葱丝，加入盐、鸡粉、料酒、胡椒粉、食用油、生抽，拌匀，腌渍10分钟至入味。

3 备好烤箱，取出烤盘，放上锡纸盒，倒入腌好的牛肉。

4 将烤盘放入烤箱，将上下火调至200℃，烤15分钟至牛肉熟透即可。

牛肉切片后可用牙签戳小洞，会更快腌渍入味。

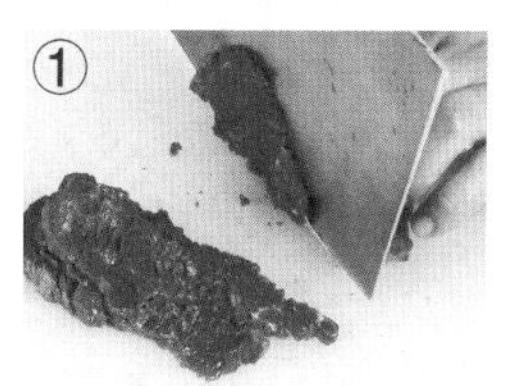

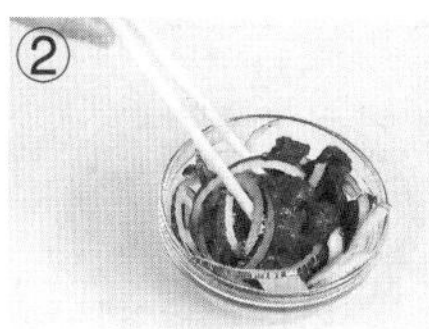

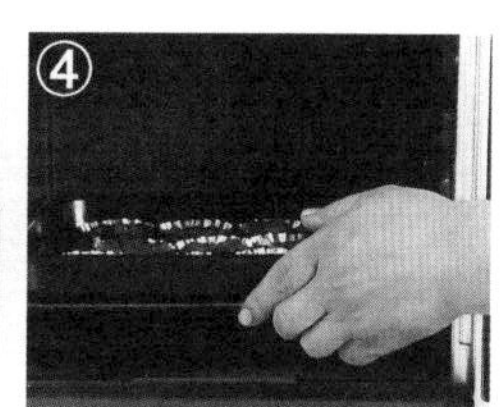

烤麻辣牛筋

烹饪时间
10分钟

原料

熟牛蹄筋100克

调料

烧烤粉5克，孜然粉5克，食盐3克，辣椒粉5克，花椒粉3克，烧烤汁、食用油各适量

牛蹄筋要切得小一些，否则食用时不易嚼烂。

做法

1 将熟牛蹄筋用竹签穿成串。

2 烧烤架上刷上食用油，放上牛筋串，用中火烤3分钟至变色。

3 牛筋串上刷食用油，略烤，在牛筋串两面分别刷上烧烤汁，用中火烤3分钟至上色。

4 翻转牛筋串，撒上烧烤粉、食盐、辣椒粉、孜然粉、花椒粉，烤至入味后，装盘即可。

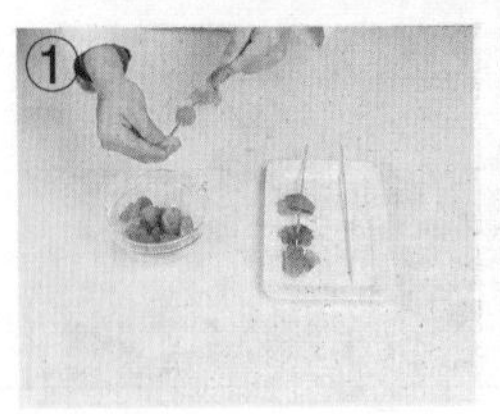

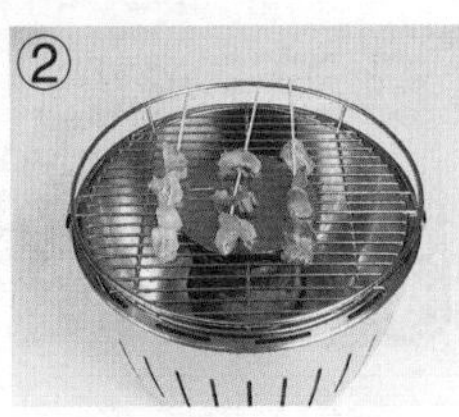

烤香辣牛肚

烹饪时间
8 分钟

原料

熟牛肚 150 克

调料

烤肉酱 5 克，烧烤汁 5 毫升，辣椒粉 5 克，烧烤粉 3 克，孜然粉 3 克，食用油适量

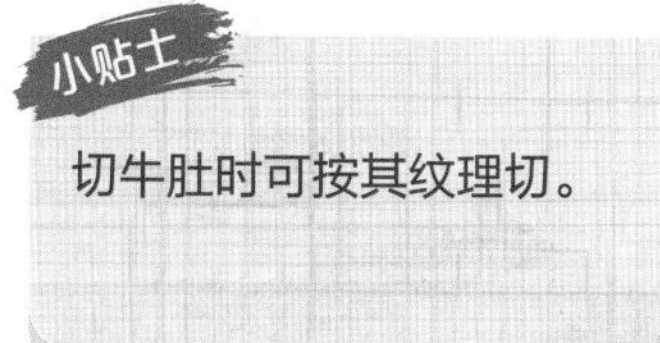

小贴士

切牛肚时可按其纹理切。

做法

1 熟牛肚切成长块，用竹签穿成串。
2 烧烤架上刷食用油，放上牛肚串，将其两面均刷上食用油，用中火烤 3 分钟至变色。
3 刷上烤肉酱，用中火烤 2 分钟至上色。
4 牛肚串两面分别刷上烧烤汁，撒上烧烤粉、辣椒粉、孜然粉，烤至熟后装盘即可。

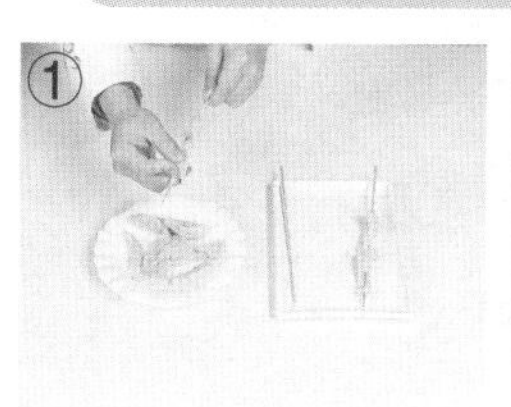

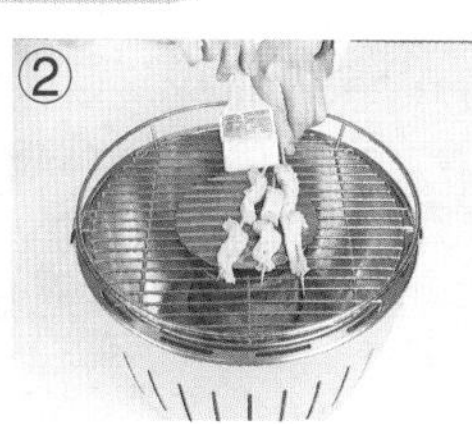

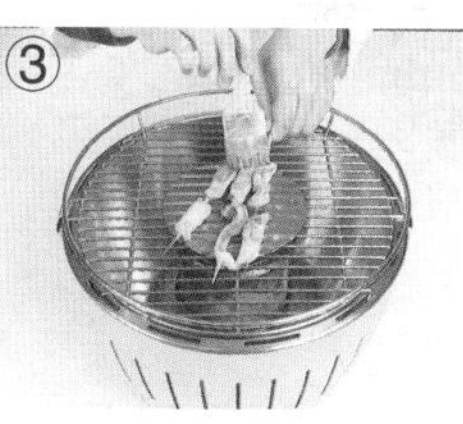

自制牛肉干

烹饪时间
42 分钟

原料

牛肉 200 克，白酒 20 毫升，咖喱粉 40 克，香叶、花椒、八角各适量，姜片、葱段各少许

调料

盐、白糖、五香粉各 2 克，生抽 10 毫升，辣椒油、食用油各适量

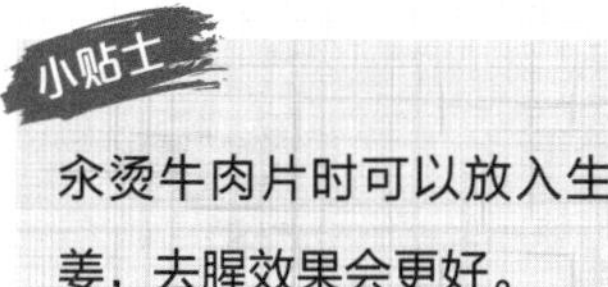

小贴士

汆烫牛肉片时可以放入生姜，去腥效果会更好。

做法

1 洗净的牛肉切片，放入沸水锅中，汆烫约 2 分钟至去除血水和脏污，捞出沥干水分装盘。

2 用油起锅，放入八角和花椒，加入姜片、葱段、香叶，爆香，倒入牛肉片，翻炒数下。

3 加入白酒、生抽、咖喱粉，翻炒均匀，加入五香粉，注入适量清水，至即将没过牛肉片，搅匀，加入盐、白糖，搅匀。

4 加盖，用大火煮开后转小火煮 20 分钟至收汁。

5 揭盖，淋入辣椒油，炒匀调色，关火后盛出牛肉片，装盘放凉，待用。

6 将放凉的牛肉片放进烤箱内，以上下火 180℃烤 18 分钟即可。

烤牛肉串

烹饪时间
8分钟

原料

牛肉丁400克

调料

烧烤粉5克，盐3克，辣椒油、芝麻油各8毫升，生抽5毫升，辣椒粉10克，孜然粒、孜然粉各适量

做法

1 将牛肉丁装入碗中，加盐、烧烤粉、生抽、辣椒粉、孜然粉、辣椒油、芝麻油拌匀，腌渍60分钟，至其入味，备用。

2 用烧烤针将腌好的牛肉丁串成串，备用。

3 将牛肉串放到烧烤架上，用大火烤2分钟至变色，翻面，撒上适量孜然粉、辣椒粉，用大火烤2分钟至变色。

4 将牛肉串翻面，撒上孜然粉、辣椒粉、孜然粒，再次翻转牛肉串，撒上孜然粒，烤约1分钟至熟即可。

①

②

③

④

小贴士

牛肉最好切得大小一致，这样受热才会均匀。

盐烤牛舌

烹饪时间
10 分钟

原料

牛舌 50 克，柠檬少许

调料

海盐、黑胡椒碎各少许

做法

1 洗净的牛舌切成厚片。
2 每片牛舌上单面撒上盐、黑胡椒碎。
3 碳炉里装入点燃的木炭将烤网烧热，没撒调味料的一面朝下摆入烤网。
4 烤至牛舌四周变色，挤上柠檬汁，将牛舌翻面，续烤至变色即可。

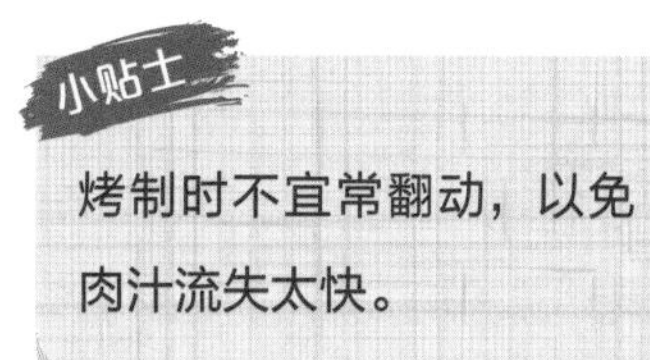

小贴士

烤制时不宜常翻动，以免肉汁流失太快。

茴香粒烧牛柳排

烹饪时间
10 分钟

原料

牛柳排 200 克

调料

橄榄油 15 毫升，茴香粒 10 克，盐 3 克，烧烤汁 10 毫升，蒙特利调料 8 克，鸡粉适量

做法

1 洗好的牛柳排装入盘中，均匀地抹上橄榄油，撒上蒙特利调料、鸡粉、盐。

2 将烧烤汁均匀地淋在牛柳排上，用手抹匀，把牛柳排翻面，按照同样的方法均匀地抹上调料。

3 将茴香粒均匀地撒在牛柳排两面，腌渍约 1 小时，备用。

4 把牛柳排放在烧烤架上，烤约 5 分钟至其变色。

5 将牛柳排翻面，刷上适量橄榄油，烤约 3 分钟，再把牛柳排翻面，烤约半分钟至熟。

烤牛柳排时，开始的温度要高一点，才能更好地锁住肉汁。

香草牛仔骨

烹饪时间
2分钟

原料

牛仔骨150克，干迷迭香末5克

调料

盐3克，蒙特利调料3克，鸡粉3克，橄榄油8毫升，生抽、食用油各适量

烤牛仔骨要用大火，这样更有利于锁住营养和味道。

做法

1 在牛仔骨上撒入适量盐、鸡粉、蒙特利调料，拌匀，倒入适量橄榄油，抹匀。

2 翻面，撒入适量盐、鸡粉、蒙特利调料，抹匀，倒入适量生抽，抹匀。

3 撒入干迷迭香末，腌渍10分钟，至其入味。

4 将腌好的牛仔骨放在烧烤架上，用大火烤1分钟至变色，翻面，用大火续烤1分钟至熟。

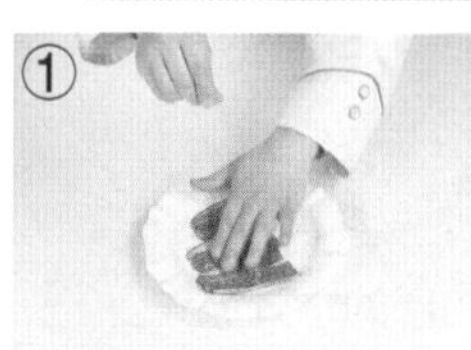

烤黑椒西冷牛排

烹饪时间
9分钟

原料

牛排200克

调料

盐、鸡粉各3克，橄榄油8毫升，生抽5毫升，黑胡椒碎、食用油各适量

做法

1 牛排洗净，两面均匀地抹上盐、鸡粉、黑胡椒碎、橄榄油。

2 剪断牛排筋，再加入生抽，腌渍牛排至其入味。

3 烧烤架上刷上食用油，放上牛排，用中火烤3分钟至上色后，翻转牛排，续烤3分钟至上色。

4 刷上食用油、生抽后，再次翻面，用中火续烤1分钟至熟，将烤好的牛排装盘即可。

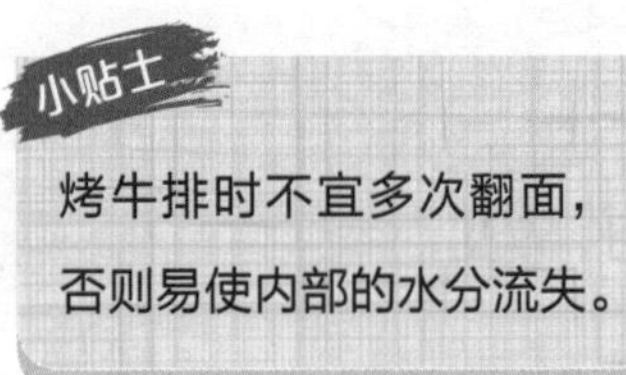

烤牛肉卷

烹饪时间
5 分钟

原料

肥牛卷 100 克，大蒜粒 10 克

调料

盐少许

做法

1 大蒜切成末，装入碗中，加盐搅拌腌渍片刻。

2 肥牛铺平，放入腌渍好的蒜末，再小心地卷起来。

3 将剩余的材料逐一制作，再放入烤盘内。

4 放入预热好的烤箱内，上下火 180℃烤制 5 分钟即可。

沙爹牛肉串

烹饪时间
5 分钟

原料

牛肉 200 克，生菜叶、白芝麻各适量

调料

沙爹酱 5 克，孜然粉 2 克，辣椒粉 2 克，柱候酱 2 克，海鲜酱 2 克，排骨酱 2 克，生抽、芝麻油各少许，食用油适量

做法

1 牛肉用平刀切成薄片，装入碗中。

2 加入沙爹酱、柱候酱、海鲜酱、排骨酱、生抽。

3 再加入辣椒粉、孜然粉、白芝麻、芝麻油、食用油，腌渍约 30 分钟。

4 用烧烤针将牛肉穿成波浪形。

5 在烧烤架上放上牛肉串，烤 2 分钟。

6 将牛肉串翻面烤熟，两面撒上白芝麻，放入铺有生菜叶的盘中。

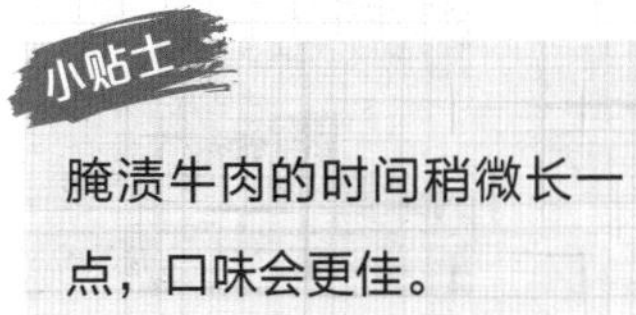

汉堡排

烹饪时间
15 分钟

原料

牛肉 90 克，猪绞肉 30 克，当 1 个，面包糠 15 克，白洋葱 40 克，黄油 20 克，高汤 100 毫升，猪油、番茄酱各少许

调料

盐、黑胡椒各适量

猪油也可换成牛油，香味会更浓郁。

做法

1 牛肉剁成肉泥，加入猪绞肉继续剁，使其充分混合均匀，装入碗中。

2 洋葱切碎后加入肉馅中，再将猪油、盐、黑胡椒加入，充分搅拌匀后制成肉饼。

3 黄油倒入锅中加热，放入肉饼，大火煎至焦糖色。

4 将肉饼翻面，再续煎 1 分钟，放入预热好的烤箱内，上下火 200℃烤 5 分钟。

5 待烤制好取出，将汉堡排装入盘中，煎锅内倒入高汤，继续加热。

6 高汤煮开后加番茄酱、盐简单调味，转大火收汁，直接浇在肉排上即可。

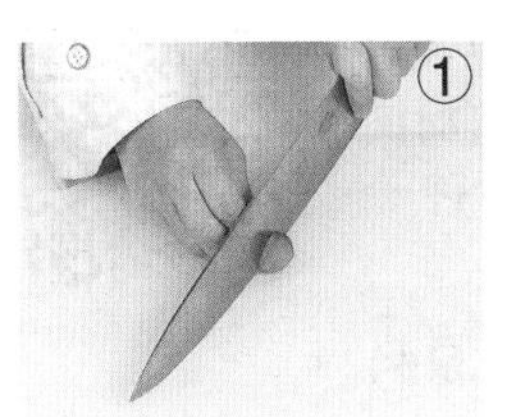

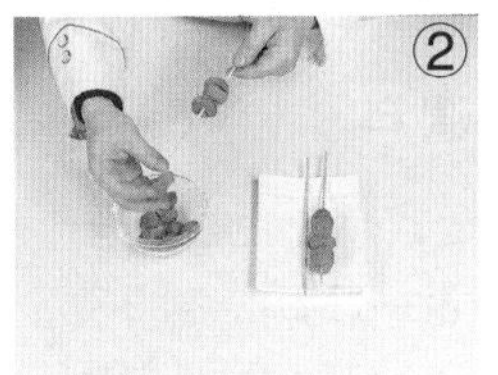

烤牛肉丸

烹饪时间
5 分钟

原料

牛肉丸 150 克

调料

烧烤粉、辣椒粉各 5 克，孜然粉少许，食用油适量

做法

1 将牛肉丸对半切开，切十字花刀，将牛肉丸以相扣的方式穿到竹签上。

2 烧烤架上刷食用油，放上烤串，用中火烤 1 分钟至变色。

3 旋转烤串，撒上烧烤粉、孜然粉、辣椒粉，用中火烤 1 分钟。

4 再刷上食用油，烤 1 分钟至熟，将烤好的牛肉丸装入盘中即可。

烤牛肉丸时可以淋上适量番茄酱，口感更佳。

蜜汁牛仔骨

烹饪时间
3 分钟

原料

牛仔骨 150 克

调料

蜂蜜 15 克，生抽 5 毫升，橄榄油 8 毫升，盐 3 克，鸡粉 3 克，黑胡椒碎、食用油各适量

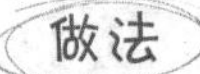

1 在洗净的牛仔骨上撒入盐、鸡粉、黑胡椒碎，抹匀，倒入适量橄榄油，抹匀。
2 翻面，同样撒入盐、鸡粉、黑胡椒碎，倒入适量橄榄油，并抹匀。
3 在牛仔骨两面淋入适量生抽、蜂蜜，抹匀，腌渍 20 分钟。
4 将腌好的牛仔骨放在烧烤架上，用大火烤 1 分钟至变色，两面刷上适量蜂蜜，用大火烤 1 分钟至熟即可。

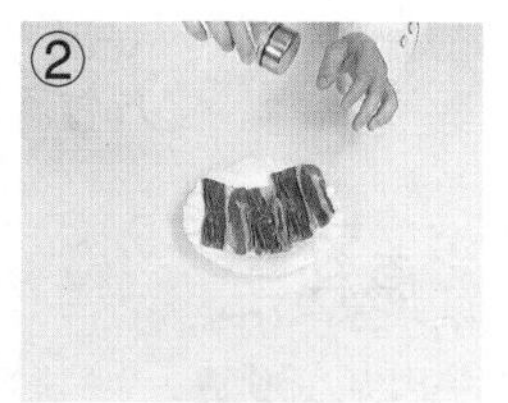

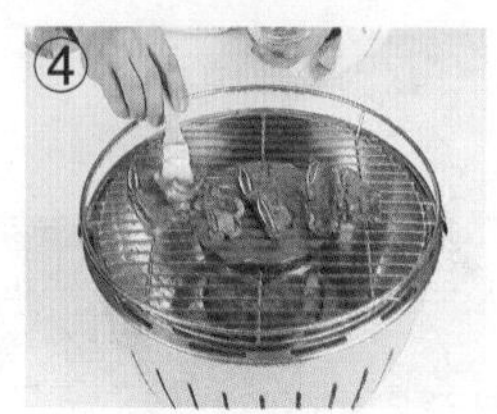

加入少许红酒腌渍，可保持其鲜美的味道。

牙签牛肉

烹饪时间
15 分钟

原料

牛肉 130 克，蒜末少许

调料

盐 3 克，生抽 3 毫升，
料酒 5 毫升

做法

1 洗净的牛肉切成小片，装入碗中。
2 将料酒、盐、生抽加入牛肉内，搅拌匀。
3 再放入蒜末，搅拌匀。
4 将牛肉逐一用牙签串起来。
5 将牛肉放入预热好的烤箱内，上下火 150℃烤制 15 分钟即可。

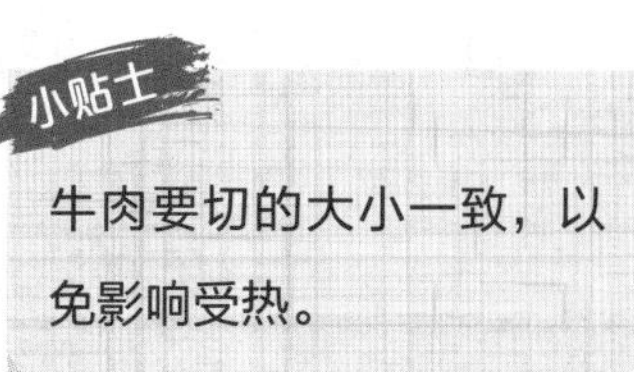

蒜香牛肉串

烹饪时间
8 分钟

原料

牛肉 150 克，蒜末、葱花各少许

调料

盐、辣椒粉、食用油、孜然粉各适量

牛肉片切片最好薄厚均匀，会更好受热。

做法

1 牛肉洗净切成薄片，装入碗中。

2 用蒜末、盐、食用油将牛肉片抹匀，腌渍片刻。

3 用竹签串起腌好的牛肉片，放在烤架上，中火烤制。

4 烤至转色后翻面，刷上一层食用油，撒上盐、辣椒粉、孜然粉，烤制入味后装盘，撒上葱花即可。

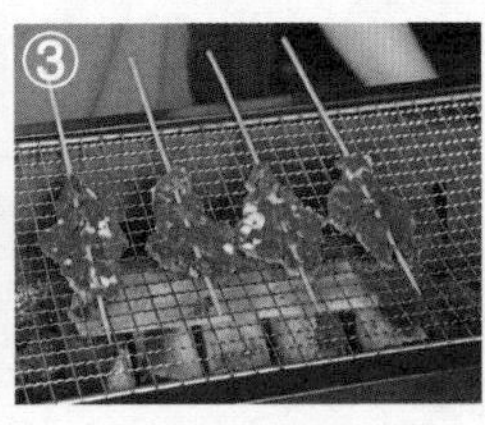

芝士烤牛肉丸

烹饪时间
10 分钟

原料

牛肉末 40 克，猪肉糜 30 克，洋葱 20 克，面包糠 10 克，蛋黄 1 个，芝士、香菜碎各少许

调料

盐、黑胡椒、食用油各少许

做法

1 洋葱切成末装入碗中，再加入牛肉末、猪肉糜、蛋黄、面包糠。
2 将盐、黑胡椒加入，充分搅拌均匀，逐一捏成牛肉丸。
3 热锅注油烧热，放入肉丸，将肉丸煎成金黄色，装入容器内，放入芝士、香菜碎。
4 放入预热好的烤箱内，上下火 180℃烤 5 分钟即可。

肉末要单向搅拌，味道会更劲道。

孜然风味烤牛腩

烹饪时间
60 分钟

原料

牛腩 150 克，白洋葱 50 克，孜然籽、香叶、黑胡椒、八角各适量

调料

食用油、盐各少许

做法

1 牛腩切成小块，白洋葱切成丝。

2 将香料倒入煎锅中，干炒出香味。

3 香料倒入容器内，将其捣成粉末。

4 热锅注油烧热，倒入香料粉爆香，倒入白洋葱，翻炒至半透明。

5 将牛腩倒入锅中，快速炒匀，倒入清水，大火煮开后加盐拌匀，装入容器。

6 牛腩放入预热好的烤箱内，以上下火 180℃烤 50 分钟即可。

香料的比例可以根据自己的喜欢来搭配。

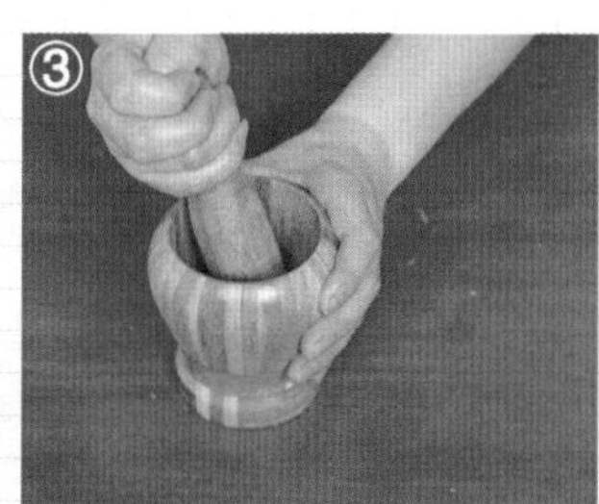

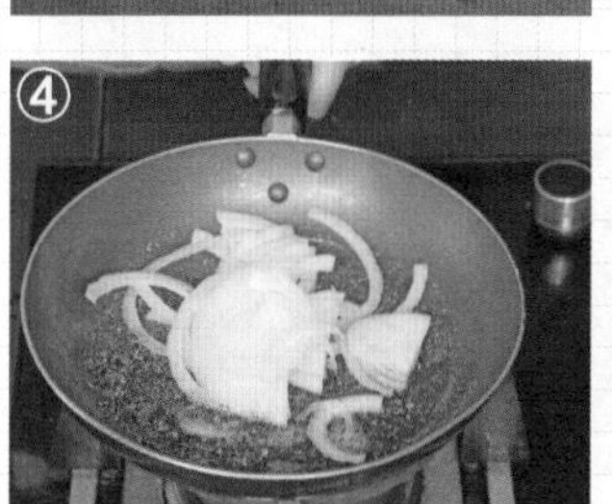

香蒜烤厚切牛舌

烹饪时间
7 分钟

原料

牛舌 180 克，蒜瓣、柠檬汁各适量

调料

盐、食用油各适量

做法

1 蒜瓣切成片，放入烤盘，淋上食用油，进烤箱以上下火 180℃烤至金黄。
2 牛舌洗净，切厚片，再打上网格花刀。
3 两面撒上盐、柠檬汁，放在烤架上。
4 单面烤 1 分钟翻面再续烤。
5 烤至表面呈焦糖色，装入盘子，撒上蒜片即可。

牛舌是冷冻保存，要先解冻，以免影响口感。

烤羊肉串

烹饪时间
6 分钟

原料

羊肉丁 500 克

调料

烧烤粉 5 克，盐 3 克，辣椒油、芝麻油各 8 毫升，生抽 5 毫升，辣椒粉 10 克，孜然粒、孜然粉、食用油各适量

做法

1 羊肉丁装碗，放入盐、烧烤粉、辣椒粉、孜然粉、芝麻油、生抽、辣椒油腌渍 1 小时。

2 用烧烤针将羊肉丁穿成串后，放到刷过食用油的烧烤架上，用大火烤 2 分钟至上色。

3 将羊肉串翻面，撒上孜然粒、辣椒粉，用大火烤 2 分钟至上色。

4 一边转动羊肉串，一边撒上孜然粉、辣椒粉，将烤好的羊肉串装盘即可。

蒙古烤羊腿

烹饪时间
160 分钟

原料

羊腿 1 只，花椒 10 克，桂皮 4 克，陈皮 3 克，八角、草豆蔻、砂仁、草果各 2 克，姜片少许，葱段适量

调料

食用油、盐、生抽、料酒、蜂蜜、孜然粉、辣椒粉、干迷迭香各适量

刀痕深浅要一致，以免受热不匀。

做法

1 将羊腿表面的脏物用刀刮净，再用温水洗净。

2 将花椒、桂皮、陈皮、八角、草豆蔻、砂仁、草果、姜片、葱段放入隔渣袋中。

3 将羊腿放入锅中，倒入适量水至浸过羊腿，再将隔渣袋放入，盖上锅盖大火煮开后倒入适量料酒、盐、生抽，然后转小火续煮 2 小时。

4 关火，等羊腿晾凉后取出，抹上盐、迷迭香、孜然粉，腌渍 1 小时左右。

5 将腌渍好的羊腿取出，切花刀后再抹上盐、孜然粉、辣椒粉。

6 烤架上刷一层油，将羊腿放在烧烤架上烤，烤制期间不时翻动换面并刷上油，大火烤约 30 分钟，离火前刷上一层蜂蜜再稍烤一下更添风味。

香草羊肉丸子

烹饪时间
10 分钟

原料

羊肉 200 克，香菜末 10 克，洋葱 20 克，面包糠 10 克

调料

盐、黑胡椒、料酒、食用油各适量

食用羊肉丸子时可配上千岛酱蘸着吃。

做法

1 洋葱、羊肉均剁成末后装入碗中，再加入盐、黑胡椒、料酒，充分拌匀，倒入香菜后拌匀。
2 将肉末逐一制成大小均等的肉丸。
3 煎锅注油烧热，放入肉丸，将其两面煎成金黄色。
4 再将羊肉丸放入预热好的烤箱内，上下火 180℃烤制 8 分钟即可。

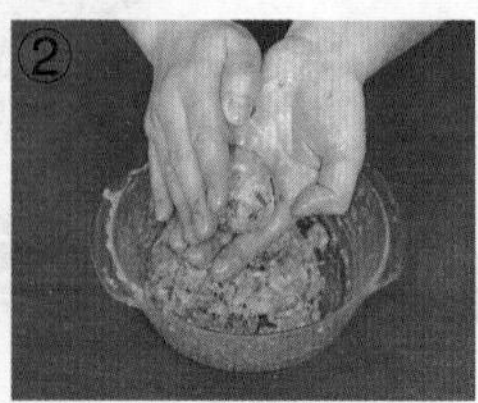

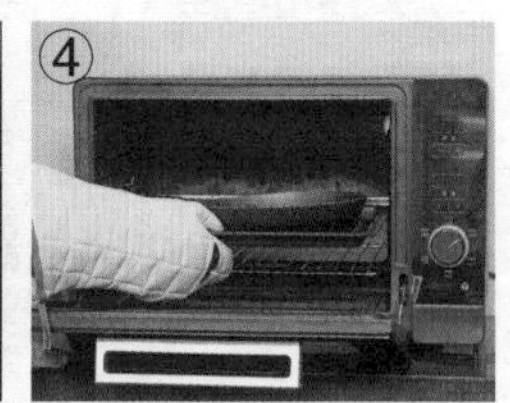

黑胡椒烤羊排

烹饪时间
35 分钟

原料

剔骨羊排 250 克，蒜片 5 克，迷迭香粉 8 克，石榴粒少许，香茅、迷迭香叶、圣女果各适量

调料

橄榄油 15 毫升，盐 3 克，白兰地 8 毫升，辣椒油 10 毫升，黑胡椒粉 8 克

做法

1 将剔骨羊排加盐、白兰地、辣椒油、黑胡椒粉、迷迭香粉、橄榄油抹匀，放入蒜片腌渍 1 小时。

2 烤箱温度调成上火 180℃、下火 180℃预热；烤盘上垫入锡纸，刷上橄榄油。

3 将剔骨羊排放入烤盘，再放入烤箱烤 20 分钟，取出。

4 将剔骨羊排翻面，继续烤至熟，取出。

5 装入盘中，旁边放上洗净的圣女果，再摆上石榴粒、迷迭香叶和香茅即可。

在羊排上打上花刀，烤制时更容易入味。

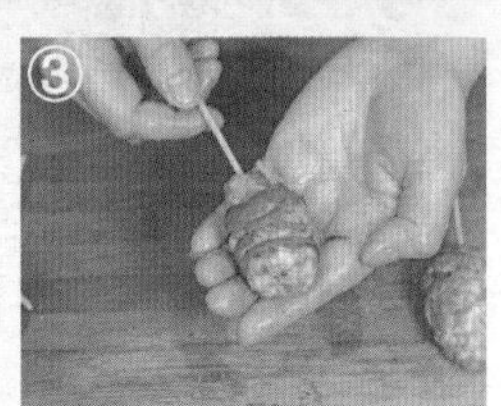

烤羊肉丸子

烹饪时间
20 分钟

原料

羊肉 200 克，洋葱 20 克，韭菜 5 克

调料

盐、黑胡椒、料酒、照烧汁各适量

做法

1 韭菜洗净放入烧开的沸水中烫软，捞出浸泡在冷水中，待用。

2 洋葱、羊肉均剁成末后装入碗中，再加入盐、黑胡椒、料酒，充分拌匀。

3 将肉末捏成丸子，用竹签串起，在肉丸上缠上韭菜。

4 在放入预热好的烤箱内，上下火 200℃烤制 20 分钟，将肉丸取出浸入照烧汁内即可。

最好选用肥瘦相间的羊肉，这样口感会更好。

鲜果香料烤羊排

烹饪时间
23 分钟

原料

羊排 500 克，圣女果 80 克，青樱桃 50 克，新鲜迷迭香少许，干迷迭香碎 5 克

调料

法式芥末籽酱 20 克，胡椒盐 10 克，黑胡椒粉 8 克，橄榄油 15 毫升

做法

1 将羊排洗净，清除肋骨上的筋；圣女果、青樱桃、新鲜迷迭香均洗净，备用。
2 平底锅内注入橄榄油烧热，放入羊排，煎至表面上色，取出，放在吸油纸上，去掉多余的油脂。
3 在煎过的羊排上均匀地抹上法式芥末籽酱，与洗净的圣女果、青樱桃一起放入烤盘，撒入胡椒盐、黑胡椒粉、干迷迭香碎。
4 把烤盘送入预热好的烤箱，以 180℃的温度烤约 15 分钟。
5 取出烤盘，将羊排、圣女果、青樱桃装入盘中，摆入新鲜迷迭香即可。

芝士茄汁焗羊肉丸子

烹饪时间
20 分钟

原料

羊肉丸子 100 克，干酪 20 克，番茄酱 10 克，蒜末 3 克，高汤适量

调料

盐、黑胡椒、芝麻油、水淀粉各适量

做法

1 热锅注油烧热，放入蒜末爆香后倒入高汤，大火煮开。

2 放入番茄酱、盐、黑胡椒，搅拌均匀。

3 倒入水淀粉，搅拌匀后加入芝麻搅拌。

4 肉丸装入焗盘内，浇上制作好的番茄汁。

5 干酪切成条，放在肉丸上。

6 将丸子放入预热好的烤箱内，上下火 180℃烤制 20 分钟至肉丸熟透即可。

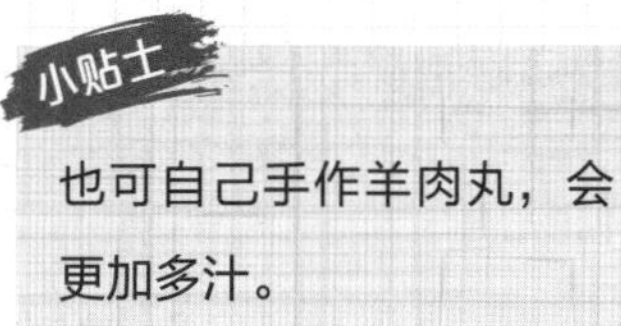

小贴士

也可自己手作羊肉丸，会更加多汁。

烤箱鸡翅

烹饪时间
45分钟

原料

鸡中翅 190 克，蜂蜜 20 克，干辣椒 10 克

调料

盐、鸡粉各 1 克，胡椒粉 2 克，料酒、生抽各 5 毫升，老抽 3 毫升，食用油适量

做法

1 鸡中翅两面各切上一字刀花，装碗，倒入干辣椒。

2 加入盐、鸡粉、料酒、生抽、胡椒粉、老抽，拌匀，腌渍 20 分钟至入味。

3 备好烤箱，取出烤盘，刷食用油，放上腌好的鸡中翅。

4 烤盘放入预热好的烤箱内，将上下火调至 200℃，烤 15 分钟至七八成熟。

5 取出烤盘，将鸡翅均匀地刷上适量蜂蜜，再将烤盘放入烤箱中续烤 5 分钟至九成熟。

6 取出烤盘，将鸡翅翻面，均匀刷上剩余的蜂蜜，放入烤箱中，再烤 5 分钟至熟透入味即可。

①

②

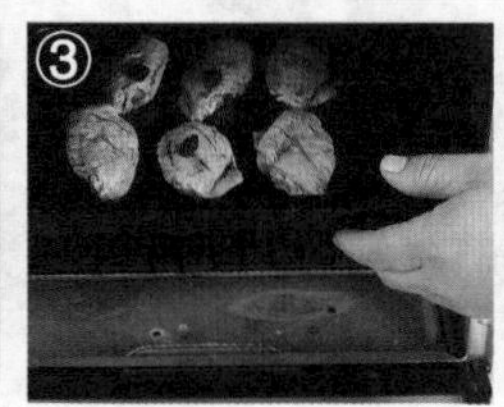
③

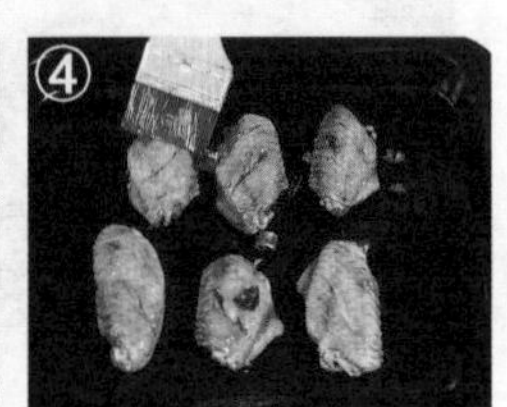
④

咖喱鸡翅

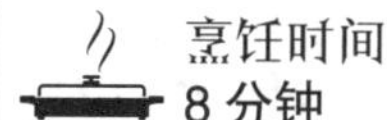

原料

鸡中翅200克

调料

辣椒粉5克，烧烤粉5克，咖喱粉10克，盐2克，橄榄油10毫升，食用油适量

小贴士

腌渍鸡翅时可用牙签多扎几下洞，这样更易入味。

做法

1 在洗净的鸡翅上撒适量的咖喱粉、烧烤粉、辣椒粉、盐，淋入少许橄榄油，搅拌均匀。

2 腌渍约1小时至食材入味，备用。

3 把腌好的鸡翅放在烧烤架上，小火烤3分钟至上色。

4 将鸡翅翻面，用小火续烤3分钟至熟，将烤好的鸡翅装入盘中即可食用。

①

②

③

④

烤鸡心

烹饪时间
23 分钟

原料

鸡心 300 克

调料

孜然粉、辣椒粉、胡椒粉各 10 克，料酒 4 毫升，生抽 5 毫升，盐、鸡粉各 2 克，食用油适量

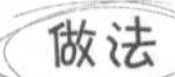

做法

1 洗净的鸡心用刀切开。

2 鸡心装入碗中，淋入料酒、生抽，放入盐、鸡粉、辣椒粉、胡椒粉、孜然粉，拌匀。

3 烤盘上铺上锡纸，刷上食用油，放入鸡心。

4 将烤盘放入预热好的烤箱，上下火 220℃烤制 20 分钟即可。

小贴士

腌渍鸡心时可多放点酒，能更好地去腥。

烤鸡脆骨

烹饪时间
10 分钟

原料

鸡脆骨 170 克

调料

盐 2 克，白胡椒粉、鸡粉各 3 克，橄榄油、烧烤汁各 5 毫升，蜂蜜适量

做法

1 鸡脆骨洗净，用盐、鸡粉、白胡椒粉、橄榄油腌渍 30 分钟至其入味。
2 用烧烤针把鸡脆骨穿成串，放到刷过油的烧烤架上，用中火烤 3 分钟至变色。
3 在烤串上刷上烧烤汁，略烤，翻转烤串，刷上烧烤汁，用中火烤 3 分钟至入味。
4 鸡脆骨串上刷上蜂蜜，用小火烤 1 分钟至熟，将烤好的鸡脆骨串装入盘中即可。

鸡脆骨非常有嚼劲，但是不宜烤得太干，以免影响口感。

桑葚果子包鸡

烹饪时间
25 分钟

原料

整鸡 1 只，桑葚、洋葱各适量

调料

苹果醋 50 毫升，盐少许，食用油适量

做法

1 将洋葱去衣，切成细丝，铺在烤盘上。

2 将处理好的整鸡去骨，摊开成一大片鸡肉。

3 用手按揉鸡肉约 3 分钟，将桑葚包在鸡肉中。

4 在鸡肉表面抹上盐、苹果醋，再用棉绳捆绑定型。

5 起油锅，放入鸡肉略煎一下，盛出，放在洋葱丝上。

6 将烤盘移入烤箱，以 200℃烤 15 ~ 20 分钟，取出装盘。

用牙签扎入鸡腿中，没有血水溢出即可食用。

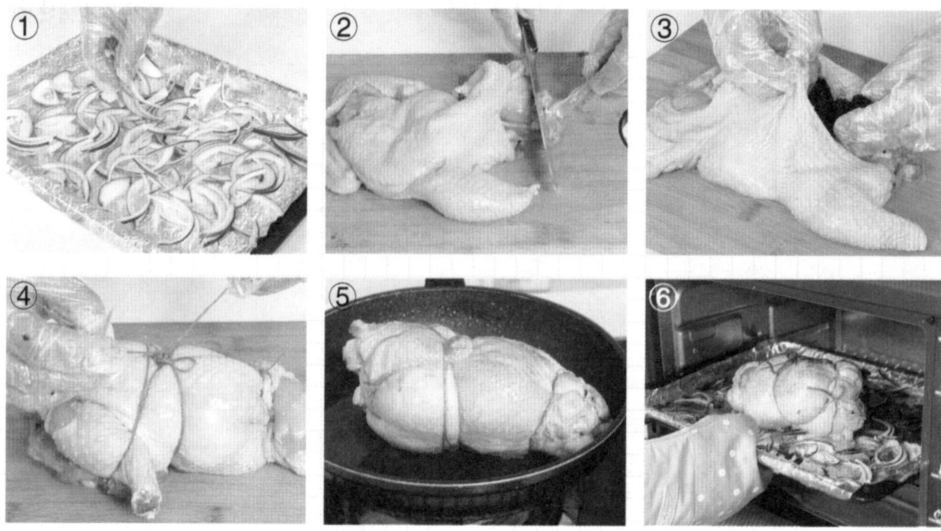

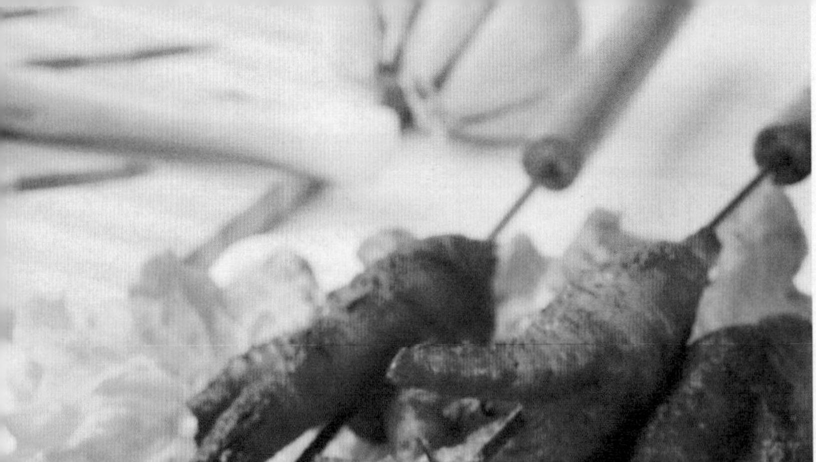

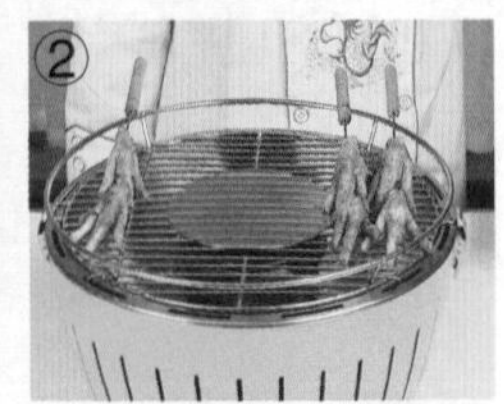

香辣烤凤爪

烹饪时间
15 分钟

原料

鸡爪 200 克

调料

盐 3 克，辣椒粉、烧烤粉各 8 克，烤肉酱 5 克，烧烤汁 10 毫升，辣椒油 8 毫升，孜然粉、食用油各适量

做法

1 鸡爪洗净，去爪尖，用辣椒粉、烧烤汁、辣椒油、烤肉酱、烧烤粉、食用油、孜然粉、盐腌渍 1 小时。

2 用烧烤针将鸡爪穿好，放到刷过油的烧烤架上，用中火烤 3 分钟至上色，翻面，烤至上色。

3 用小刀将鸡爪肉划开，刷上油、烧烤汁后翻面，再刷上油、烧烤汁，撒入辣椒粉、孜然粉，略烤。

4 翻转鸡爪，刷上食用油，撒上辣椒粉，再次翻面，撒上辣椒粉，烤 1 分钟至熟即可。

用刀将鸡爪划开，可使其更易入味。

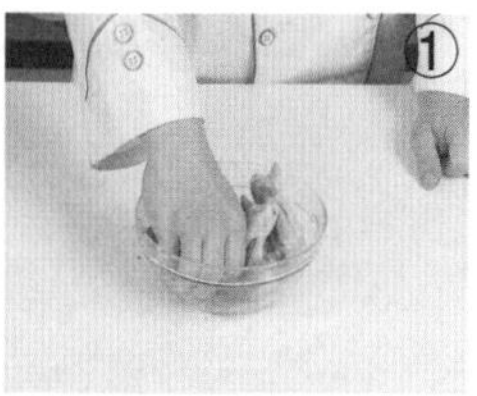

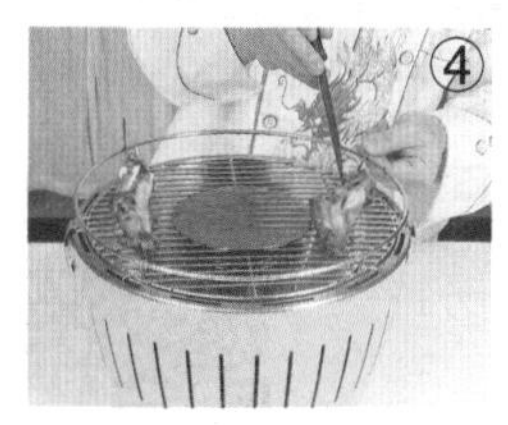

烤鸡全翅

烹饪时间
18 分钟

原料

鸡全翅 200 克

调料

芝麻油 10 毫升，辣椒油 3 毫升，芝麻酱 3 克，花生酱 3 克，盐 2 克，辣椒粉、烧烤粉、孜然粉、烧烤汁、生抽、葱段、姜片各适量，蒜少许

做法

1 鸡全翅加入蒜、姜、葱、盐、烧烤粉、孜然粉、辣椒粉、芝麻油、辣椒油、生抽、烧烤汁、芝麻酱、花生酱。

2 将葱段、姜片、蒜捏碎出味，将调味料与鸡翅拌匀，腌渍，然后垂直穿串。

3 烧烤架上放鸡翅，烤上色，以旋转的方式刷上芝麻油。翻面，烤 5 分钟，鸡全翅两面刷芝麻油与生抽，烤上色。

4 在鸡翅肉比较厚的部位上用尖刀划几道口子，烤熟，装入盘中即可。

可用叉子在鸡翅上扎孔，这样更易熟透。

蜜汁烧鸡全腿

烹饪时间
82 分钟

原料

鸡腿 2 个

调料

烧烤汁 5 毫升，花生酱、芝麻酱各 5 克，盐 3 克，食用油 10 毫升，生抽适量，蜂蜜 20 克

蜂蜜不要刷得太多，以免影响鸡肉的口感。

做法

1 将洗净的鸡腿装入碗中，放入适量盐、蜂蜜、烧烤汁、花生酱，再加入芝麻酱、生抽、食用油，搅拌均匀，腌渍约 1 小时，备用。

2 放上腌好的鸡腿，用中火烤 8 分钟至其呈微黄色，将鸡腿翻面，刷上适量蜂蜜。

3 再刷上一层烧烤汁，用小火烤 8 分钟至其上色，均匀地刷上适量蜂蜜、烧烤汁，用小火烤 3 分钟。

4 用小刀在鸡腿上划小口，刷上蜂蜜、烧烤汁，继续烤 3 分钟，再翻面几次，刷上蜂蜜与烧烤汁，至烤熟为止。

麻辣烤翅

烹饪时间
21 分钟

原料

鸡翅 170 克，辣椒粉 40 克，蜂蜜 15 克，蒜姜汁 20 毫升

调料

盐、鸡粉各 1 克，花椒粉 5 克，生抽 5 毫升，食用油适量

烤制鸡翅时可用洋葱垫底，烤出来味道更香浓。

做法

1 洗净的鸡翅两面切上一字刀。

2 将鸡翅装碗，倒入蒜姜汁，加入盐、鸡粉、生抽、辣椒粉、花椒粉、食用油、蜂蜜，拌匀，腌渍 20 分钟至入味。

3 备好烤箱，取出烤盘，放上腌好的鸡翅。

4 将烤盘放入烤箱中，将上下火温度调至 220℃，烤 20 分钟至鸡翅熟透即可。

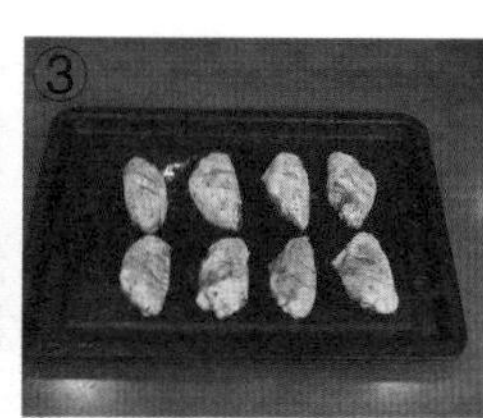

串烧鸡肾

烹饪时间
15 分钟

原料

鸡肾 300 克

调料

辣椒油 10 毫升，烧烤汁、芝麻油各 5 毫升，孜然粉 10 克，烧烤粉、辣椒粉各 5 克，白芝麻适量

做法

1 将洗净的鸡肾切块，切上一字花刀，装入碗中，倒入烧烤粉、辣椒粉、烧烤汁、孜然粉、辣椒油、芝麻油。
2 充分搅拌均匀腌渍 40 分钟。
3 用竹签逐一将鸡肾串起。
4 放入预热好的烤箱内，上下火 170℃烤制 15 分钟即可。

鸡肾一定要清洗干净，以免有较重的腥味。

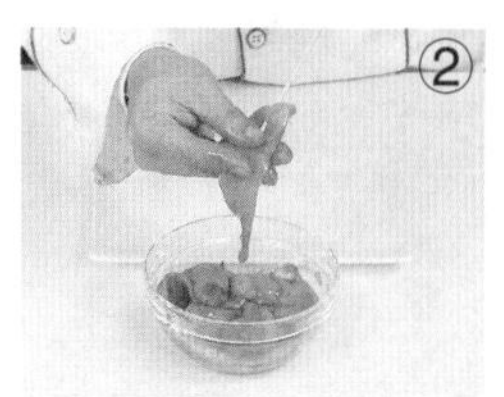

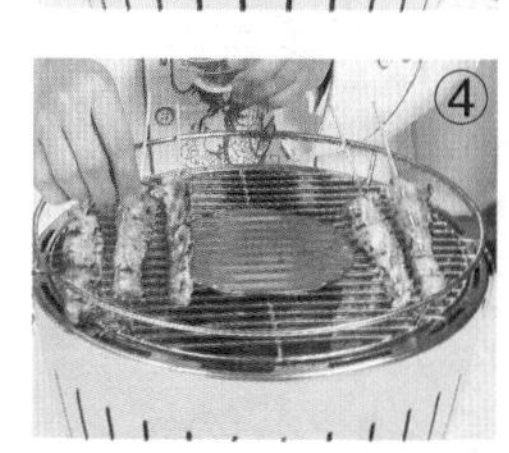

迷迭香烤鸡脯肉

烹饪时间
28 分钟

原料

鸡胸肉 200 克

调料

盐、鸡粉、迷迭香碎各 3 克，辣椒粉 5 克，烧烤汁 10 毫升，食用油、孜然粉各适量

做法

1 洗净的鸡胸肉切成宽条，装入碗中，放入少许鸡粉、盐、烧烤汁、辣椒粉，再加入孜然粉、食用油、迷迭香腌渍 20 分钟。

2 用竹签将腌好的鸡胸肉串好，待用。

3 将烤串放到烧烤架上，用中火烤 3 分钟，翻面，刷上少许食用油、烧烤汁，用中火烤约 3 分钟，再将烤串翻面，刷上食用油、烧烤汁，用中火烤 1 分钟。

4 再次将烤串翻面，撒入少许迷迭香碎，刷上少许食用油即可。

也可以用橄榄油代替食用油，烤好的鸡肉会更嫩。

脆片鸡翅

烹饪时间
30 分钟

原料

鸡翅 6 个，薯片碎适量

调料

盐少许，生抽 4 毫升，料酒 10 毫升，红薯淀粉 15 克

做法

1 鸡翅洗净装入碗中，加入少许盐。

2 放入生抽、料酒，将鸡翅打旋式拌匀。

3 将红薯淀粉倒入鸡翅内，搅拌匀。

4 在鸡翅表面均匀地裹上薯片碎。

5 放入铺有油纸的烤架上。

6 将烤架放入预热好的烤箱内，上下火 190℃烤制 30 分钟即可。

小贴士

加入盐后腌的时间不宜长，以免使鸡翅失去水分。

香烤红酒鸡翅

烹饪时间
13 分钟

原料

鸡中翅 6 个

调料

盐少许，红酒酱汁适量

做法

1 洗净的鸡翅单面划上斜刀痕，再泡入红酒酱汁内。
2 将鸡翅放入冰箱冷藏 20 分钟。
3 取出沥干，串上竹签，鸡翅放在烤架上，两面撒上少许盐。
4 再反复烘烤将鸡翅完全烤熟即可。

要是时间允许的话，鸡翅最好腌一晚上，会更美味。

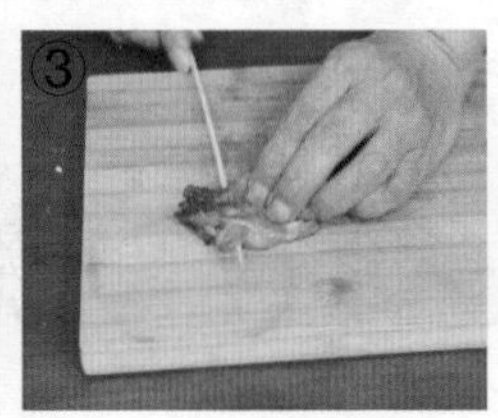

烤香辣鸡中翅

烹饪时间
15 分钟

原料

鸡中翅 150 克，生菜、白芝麻各少许

调料

盐 2 克，鸡粉、烧烤粉各 3 克，孜然粉、花生酱、芝麻酱各 5 克，烧烤汁 5 毫升，辣椒粉、食用油、辣椒酱、甜辣酱各适量

做法

1 洗净的鸡翅倒入碗中，加鸡粉、辣椒酱、烧烤粉、盐，再放入孜然粉、烧烤汁、花生酱、芝麻酱、食用油，拌匀，腌渍约 40 分钟，至其入味，备用。

2 将鸡翅放到烧烤架上，用中火烤 5 分钟，翻面，刷上食用油，用中火烤 5 分钟。

3 在鸡中翅上刷烧烤汁，撒上孜然粉、烧烤粉、辣椒粉，将鸡中翅翻面，刷上烧烤汁、食用油。

4 撒上孜然粉、烧烤粉、辣椒粉，翻面，烤 1 分钟，在表面撒上白芝麻，装入铺有生菜的盘子内即可。

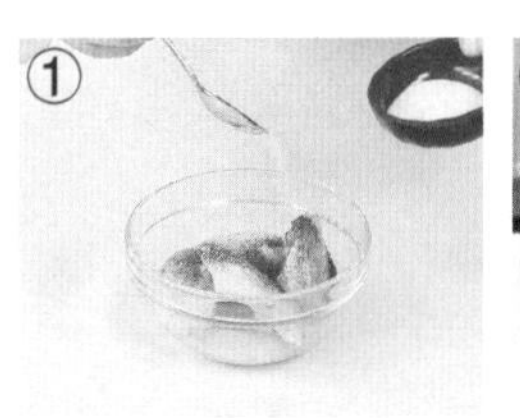

香烤黑椒鸡腿肉

烹饪时间
20 分钟

原料

鸡腿 3 个

调料

生抽、烧烤汁各 5 毫升，盐 4 克，烧烤粉 8 克，黑胡椒碎 5 克，芝麻油 10 毫升，孜然粉适量

腌渍鸡腿时可在鸡腿上戳几个洞，这样更易入味。

做法

1 将洗净的鸡腿装入碗中，放入烧烤粉、黑胡椒碎，再加入少许盐、烧烤汁、生抽，撒入适量孜然粉，倒入芝麻油，用手抓匀，腌渍约 60 分钟至食材入味，备用。

2 把腌渍好的鸡腿放到烧烤架上，烤 5 分钟至其一面呈焦黄色。

3 将鸡腿翻面，刷上适量芝麻油，烤 5 分钟至其两面呈金黄色，再将鸡腿翻面，刷上少许芝麻油，烤约 5 分钟。

4 继续翻面，刷上适量芝麻油，烤约 1 分钟，翻面后继续烤约 3 分钟至其熟透即可。

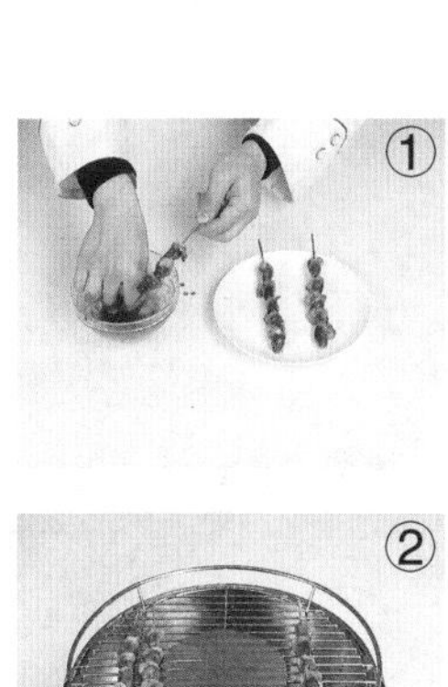

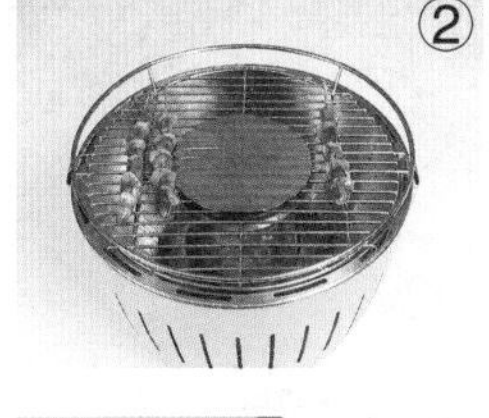

串烤鸡心

烹饪时间
10 分钟

原料

鸡心 100 克

调料

盐 3 克，辣椒粉 3 克，烧烤粉 5 克，烧烤汁 5 毫升，辣椒油 8 毫升，孜然粉、花生酱、芝麻酱、食用油各适量

做法

1 将烧烤粉、盐、孜然粉、辣椒粉、芝麻酱、花生酱、辣椒油倒入装有鸡心的碗中，拌匀，腌渍 15 分钟至其入味，将腌好的鸡心用竹签穿成串，备用。

2 将鸡心串放在烧烤架上，用中火烤 3 分钟至变色。

3 翻面，刷上适量烧烤汁、食用油，用中火烤 3 分钟至上色。

4 翻转鸡心串，撒上孜然粉、辣椒粉，用中火续烤 1 分钟至熟即可。

鸡心可以切花刀，这样腌渍时更易入味。

香烤鸡翅

烹饪时间
25 分钟

原料

鸡翅 180 克，红薯淀粉 20 克

调料

料酒、盐、生抽各适量

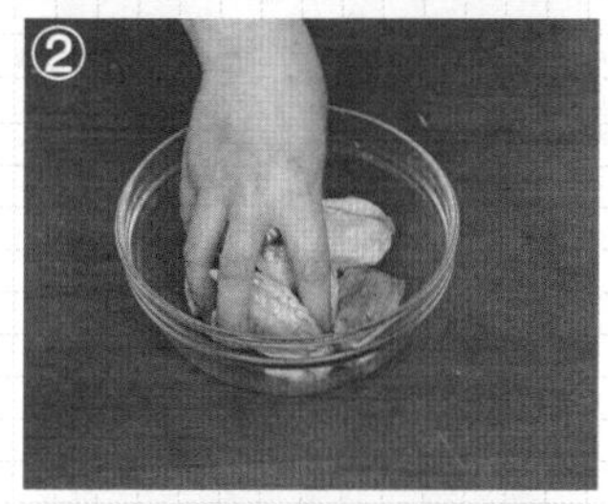
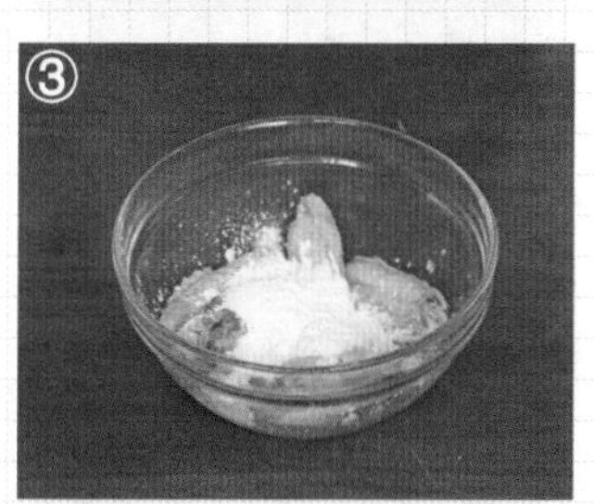

做法

1 鸡翅装入碗中，加入料酒、盐、生抽。

2 搅拌均匀。

3 再倒入红薯淀粉，充分搅拌匀，再铺在烤盘上。

4 放入预热好的烤箱内，上下火 180℃烤制 25 分钟即可。

小贴士

无需刷油，鸡翅中富含油脂。

咖喱鸡肉串

烹饪时间
7 分钟

原料

鸡腿 300 克

调料

盐 3 克，咖喱粉 15 克，辣椒粉、鸡粉各 5 克，花生酱 10 克，食用油适量

做法

1 将洗净的鸡腿去骨和去皮，再切成小块，装入碗中。
2 撒入适量的盐、鸡粉、辣椒粉、咖喱粉，然后倒入食用油、花生酱，将鸡腿肉拌匀，腌 1 小时，待用。
3 将腌好的鸡腿肉串好。
4 在烧烤架上刷少量食用油，放上鸡腿肉串，用中火烤 3 分钟至变色。
5 将鸡腿肉串翻面，刷上食用油，用中火烤 3 分钟至熟。
6 将鸡腿肉串再稍微烤一下，然后装入盘中即可。

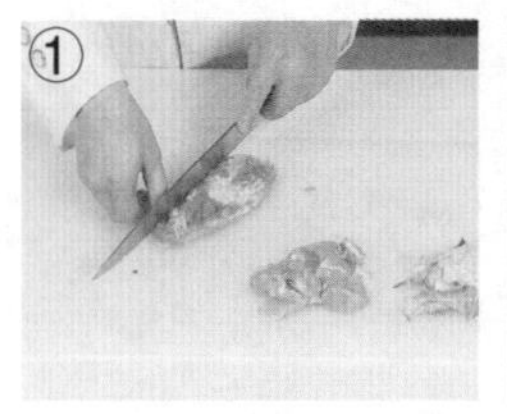

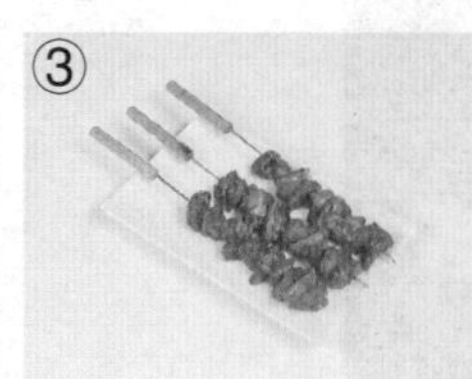

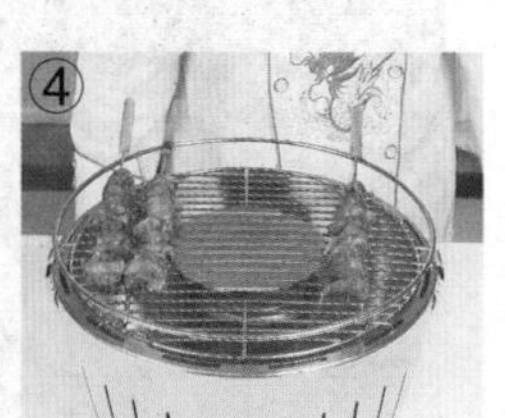

烤百里香鸡肉饼

烹饪时间
10 分钟

原料

鸡腿 400 克，洋葱、西芹、胡萝卜各 20 克，鸡蛋 1 个

调料

生抽、食用油各 10 毫升，盐、白胡椒粉、百里香各 3 克，生粉 30 克，鸡粉 5 克，面粉 20 克

做法

1 洋葱、西芹、胡萝卜切末；鸡腿去骨、皮，剁成碎末。
2 将洗净的百里香放到鸡腿肉末上，再将洋葱末、西芹末、胡萝卜末放入装有鸡腿肉末的碗中，放入调料、蛋白、蛋黄，拌匀成糊状。
3 烤盘铺上锡纸，将鸡腿肉糊倒入锡纸，抹匀呈饼状，入烤箱以温度 200℃烤 5 分钟，刷上食用油。
4 翻面，刷上食用油，继续烤 5 分钟至熟，装盘即可。

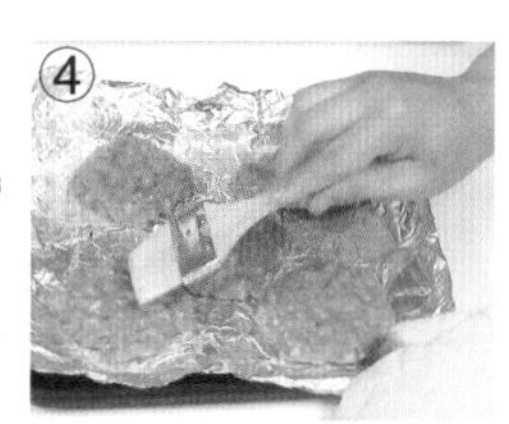

烤日式鸡排

烹饪时间
20 分钟

原料

鸡腿肉 450 克，照烧汁适量

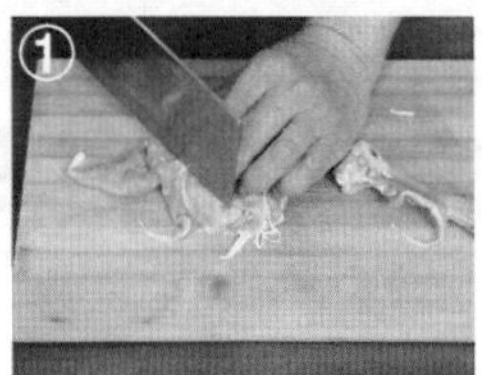

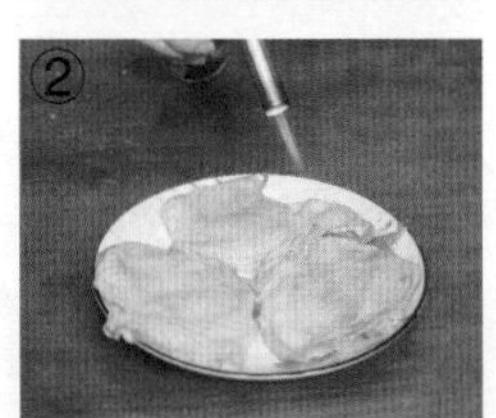

做法

1 洗净的鸡腿去骨，剔去多余的筋。
2 用喷火枪将鸡片烤至稍稍变色，用竹签将鸡腿串起。
3 将鸡腿肉放在烤架上，两面烤至转色。
4 浸泡入蒲烧汁内，再继续烤制，反复几次至鸡腿熟透即可。

鸡肉也可事先用刀背敲打，会更软嫩。

碳烤鸡脆骨

烹饪时间
8分钟

原料

鸡脆骨170克，白芝麻适量

调料

芝麻油15毫升，孜然粉、烧烤粉、酱油、辣椒油、芝麻酱、花生酱、辣椒粉、食用油各适量

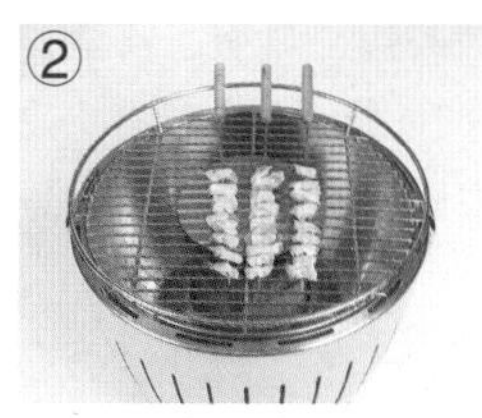

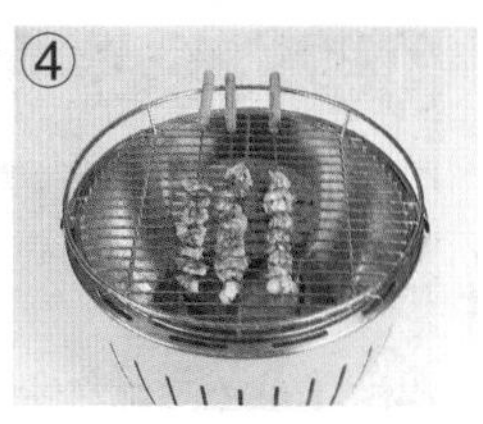

做法

1 将鸡脆骨用烧烤粉、孜然粉、辣椒粉、花生酱、芝麻酱、辣椒油、白芝麻腌渍约30分钟，用烧烤针将鸡脆骨依次串成串。

2 将鸡脆骨放在烧烤架上烤约3分钟。

3 将烤串翻面，刷上食用油，撒上少许孜然粉，烤约3分钟。

4 将烤串翻面，刷少许食用油，撒少量孜然粉，烤约1分钟，用手翻转烤串，并撒上辣椒粉即可。

小贴士

腌渍鸡脆骨时可加入适量食粉，会更Q弹。

烤箱鸡米花

烹饪时间
15 分钟

原料

鸡脯肉 180 克，鸡蛋液 50 克，面包糠 90 克，生粉 65 克

调料

盐、鸡粉各 1 克，料酒 5 毫升

做法

1 洗净的鸡脯肉切成块装碗，加入盐、鸡粉、料酒，倒入适量鸡蛋液，拌匀，腌渍 10 分钟至入味。

2 将腌好的鸡肉块均匀地沾上生粉，沾匀鸡蛋液，裹匀面包糠。

3 制作好的鸡米花铺在烤盘上。

4 放入进烤箱，上下火 230℃烤 10 分钟至鸡米花熟透即可。

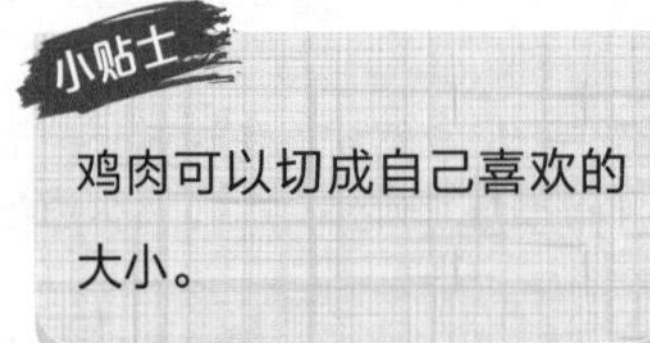

小贴士

鸡肉可以切成自己喜欢的大小。

莳萝烤三文鱼

烹饪时间 4分钟

原料

三文鱼150克，莳萝草5克

调料

盐3克，黑胡椒粉、白胡椒粉各2克，柠檬、食用油各适量

小贴士

莳萝草最好多腌渍一会儿，才能发挥其最大风味。

做法

1 将洗净的三文鱼切成小块，装入碗中，备用。

2 洗净的莳萝草切成末，放入装有三文鱼的碗中，再撒入适量盐、黑胡椒粉，倒入适量食用油，拌匀。

3 腌渍10分钟至其入味，用竹签将腌渍好的三文鱼串成串，备用。

4 在烧烤架上刷上适量食用油。

5 将三文鱼串放在烧烤架上，用大火烤1分钟至变色。

6 翻面，刷上少量食用油，大火烤约1分钟，旋转烤串，将柠檬汁挤在鱼肉上，继续烤1分钟至熟即可。

②

③

⑤

⑥

蒜香烤海虹

烹饪时间
10 分钟

原料

海虹 430 克，蒜末 30 克，姜末 10 克

调料

料酒 3 毫升，蒸鱼豉油 10 毫升，食用油适量

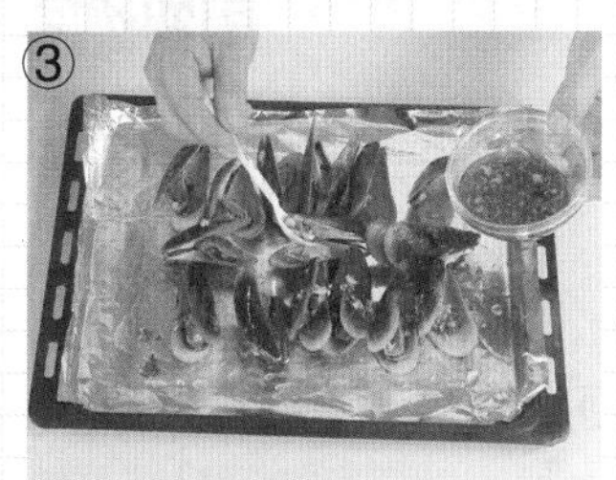

做法

1 在备好的碗中放入蒜末、姜末、料酒、蒸鱼豉油、食用油，搅拌均匀，制成酱料。

2 锅中注入适量清水煮沸，放入处理好的海虹，搅拌一会儿，煮至开壳捞起，沥干水分，待用。

3 在备好的烤盘中铺上锡纸，刷上一层油，放入海虹，撒上酱料。

4 将烤盘放入烤箱中，关上烤箱，将温度调为 180℃，选择上下火发热，时间调为 8 分钟即可。

喜欢吃辣的人可加入辣椒粉，也非常美味。

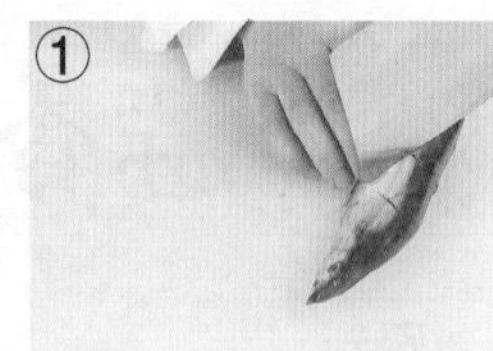

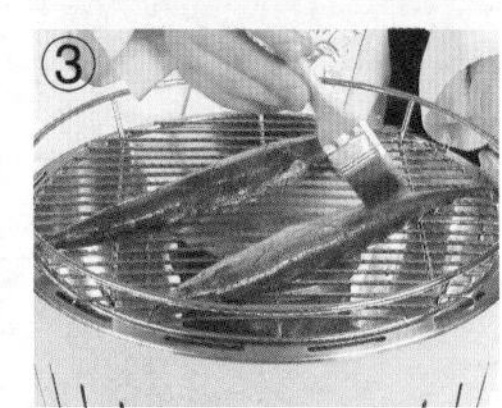

碳烤秋刀鱼

烹饪时间
10 分钟

原料

秋刀鱼 2 条，柠檬适量

调料

盐、胡椒粉、食用油各适量

做法

1 秋刀鱼去内脏、鳃，切十字花刀，抹上盐，撒胡椒粉，腌渍 10 分钟至入味。
2 在烧烤架上刷上食用油，放上腌渍好的秋刀鱼。
3 翻烤 5 分钟，至鱼表面呈黑焦色，刷上橄榄油，撒入盐，续烤 3 分钟，至熟。
4 放入盘中，挤入柠檬汁即可。

喜欢鱼内脏的可保留烤制，别有一番风味。

烤生蚝

烹饪时间
11 分钟

原料

生蚝 3 个

调料

蒜蓉 20 克，盐 3 克，食用油 10 毫升，鸡粉、白胡椒粉、葱花各适量

做法

1 将生蚝放到烧烤架上，用中火烤至冒气。

2 将适量的盐、白胡椒粉、鸡粉、蒜蓉、食用油依次均匀地撒在生蚝肉上。

3 再撒入适量的盐和鸡粉，用中火继续烤 8 分钟至生蚝壳里面的汤汁冒泡。

4 刷上少量的食用油，烤大约 1 分钟，最后在每个生蚝上撒入适量的葱花即可。

小贴士

烤生蚝时，不要将蚝肉弄破，以免影响口感。

烤鱿鱼须

烹饪时间
8 分钟

原料

鱿鱼须 200 克

调料

烧烤粉、孜然粉各 5 克，生抽 5 毫升，辣椒粉、海鲜酱各 10 克，盐、姜、葱、蒜各适量，芝麻酱 5 克

1 鱿鱼须切开，取出头部的内脏，切条，装碗；蒜拍碎切末；葱、姜拍碎。将姜、葱、蒜倒入鱿鱼须中。

2 再加入剩余调料，搅拌均匀，腌 1 小时至入味。

3 把鱿鱼须依次用竹签穿成串，将鱿鱼须串放在烧烤架上，用中火烤 3 分钟至上色。

4 刷上食用油，划开鱿鱼须肉，撒上孜然粉，翻面，续烤 2 分钟至变色；再刷上食用油，撒入辣椒粉，以旋转的方式烤 1 分钟至熟，装盘即可。

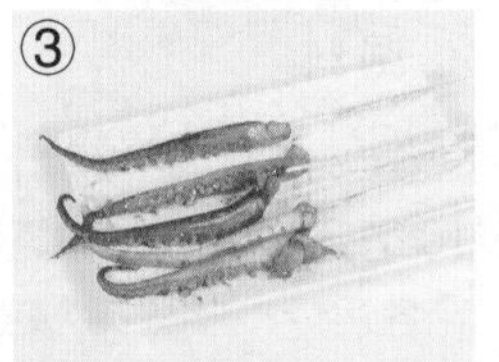

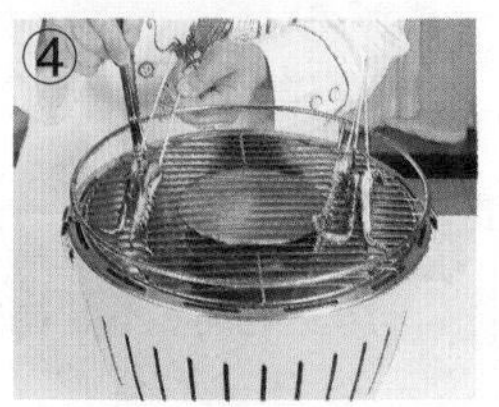

可一边烤一边把水分压出来，更易熟透。

烤鲫鱼

烹饪时间
38 分钟

原料

鲫鱼 320 克，姜片、蒜片各少许，干辣椒 15 克，葱花少许

调料

盐 1 克，胡椒粉 4 克，料酒 5 毫升，食用油适量

①

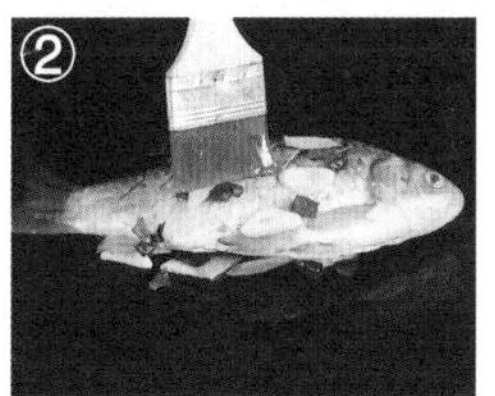
②

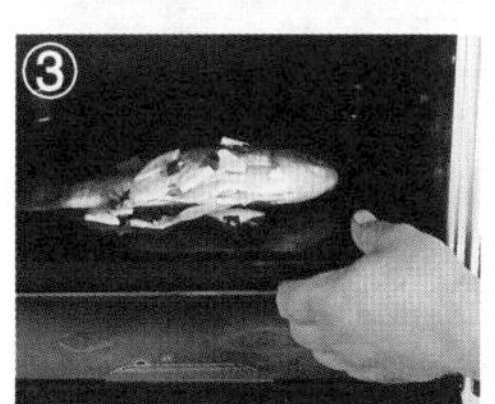
③

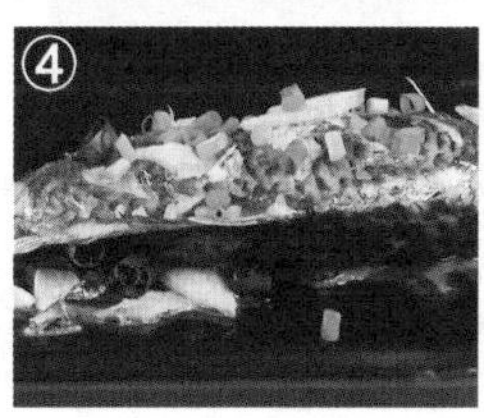
④

做法

1 洗净的鲫鱼装盘，放上姜片、蒜片和干辣椒，往两面鱼身上淋料酒，撒上盐和适量胡椒粉，抹匀，腌渍 10 分钟至入味。

2 烤盘放上腌好的鲫鱼，在两面刷上适量食用油。

3 将烤盘放入烤箱中，将上下火温度调至 200℃，烤 20 分钟至六七成熟。

4 取出将鲫鱼翻面，再将烤盘放入烤箱中，烤 10 分钟至八九成熟，打开箱门，取出烤盘，再刷少许食用油，撒上葱花、胡椒粉，最后一次将烤盘放入烤箱中，续烤 5 分钟至熟透入味即可。

烤鳗鱼

烹饪时间
8 分钟

原料

鳗鱼柳 200 克

调料

盐 2 克，烧烤汁 5 毫升，食用油适量

做法

1 洗净的鳗鱼柳切成长短一致的段。
2 将鳗鱼段用烧烤签穿起来。
3 放上烧烤架上，大火烤至转色。
4 刷上食用油、烧烤汁，撒上盐，翻面，续烤一会儿；再刷上食用油、烧烤汁，烤 1 分钟至熟，装盘即可。

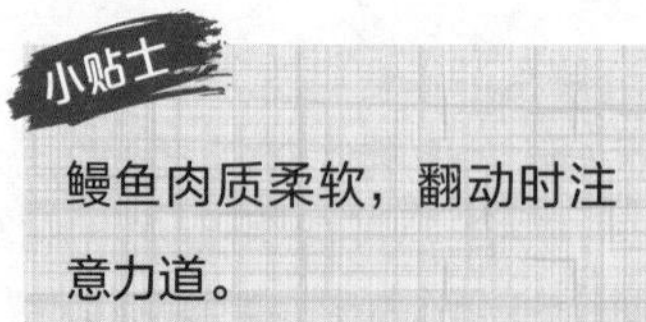

香草黄油烤明虾

烹饪时间
15 分钟

原料

明虾 100 克，蒜蓉 5 克

调料

黄油 15 克，盐 3 克，白胡椒粉 3 克，迷迭香 5 克，柠檬汁、茴香草末各适量

香草可以根据自己喜好来搭配。

做法

1 将洗净的明虾切去虾须、虾脚、虾箭，切开虾背，去除虾线，斩开头部，但不切断，装盘备用。

2 在虾肉上撒适量盐、白胡椒粉，拌匀，滴少许柠檬汁，腌渍 5 分钟至入味。把迷迭香末、蒜蓉、茴香草末、盐倒入溶化的黄油中，拌匀，备用。

3 把明虾放入铺有锡纸的烤盘中，将烤盘放入烤箱。

4 以上下火 220℃烤 10 分钟至虾肉呈金黄色，从烤箱中取出烤盘，在虾肉上均匀地抹上拌好的黄油酱，再将烤盘放入烤箱，继续烤 5 分钟至熟即可。

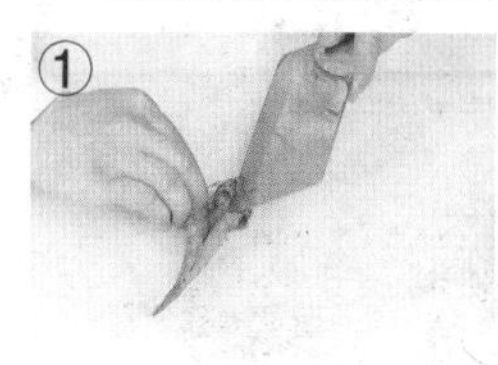

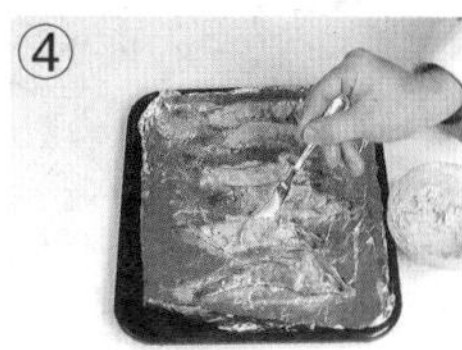

锡纸烤花甲

烹饪时间
7分钟

原料

花甲150克，蒜末、葱花各少许

调料

盐3克，排骨酱10克，料酒5毫升，生抽4毫升，食用油适量

做法

1 锅中注水烧热后加入花甲，将花甲煮开口，去除灰水。

2 将煮好的花甲捞出，放在铺有锡纸的烤盘上。

3 将排骨酱、料酒、生抽、盐、蒜末倒入碗中，充分搅拌匀。

4 将拌好的酱汁浇在花甲上，淋上食用油。

5 再盖上锡纸，将四面封牢。

6 放入预热好的烤箱内，上下火180℃烤5分钟，取出撒上葱花即可。

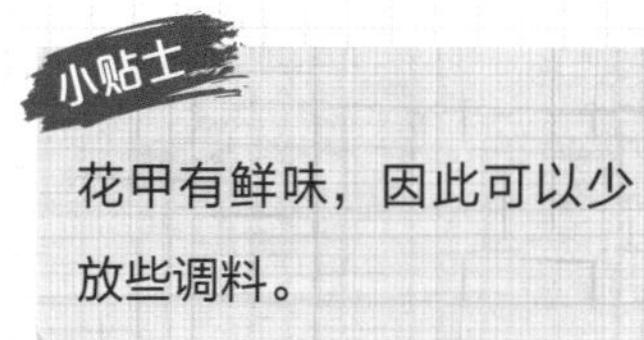

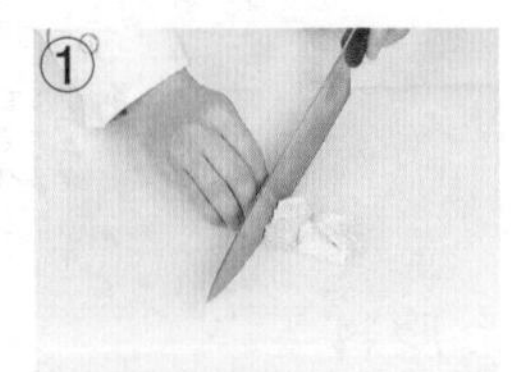

金菇扇贝

烹饪时间
7 分钟

原料

扇贝 4 个，金针菇 15 克，红、黄彩椒末各 10 克

调料

盐 2 克，食用油 10 毫升，鸡粉、白胡椒粉各适量

做法

1 将洗净的金针菇切成 3 厘米长的段，备用。
2 洗净的扇贝放在烧烤架上，用大火烤 1 分钟至起泡，在扇贝上淋入适量食用油。
3 撒上少许盐，用夹子翻转扇贝肉，再次撒上适量盐，撒入少许的鸡粉、白胡椒粉。
4 把金针菇段放在扇贝肉上，撒入少许盐，用大火烤 1 分钟，放入彩椒末，用大火续烤 1 分钟至全部材料熟透。

可在扇贝肉上划十字花刀，这样更易入味。

碳烤蛤蜊

烹饪时间
10 分钟

原料

蛤蜊 200 克

调料

烧烤粉 5 克，盐 3 克，胡椒粉 2 克，食用油适量

做法

1 用备好的夹子把洗净的蛤蜊放在烧烤架上。
2 用大火烤 5 分钟左右，至蛤蜊开口。
3 再在蛤蜊肉上撒适量盐、烧烤粉、胡椒粉。
4 再刷上适量的食用油，用大火烤 3 分钟至熟即可。

调料不宜过多，以免抢去蛤蜊原有的鲜味。

碳烤虾丸

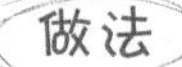

烹饪时间
8 分钟

原料

虾丸 150 克

调料

烧烤粉、辣椒粉各 5 克，孜然粉少许，食用油适量

做法

1 将洗净的虾丸用竹签串成串，装入盘中，待用。
2 在烧烤架上刷适量食用油，将虾丸串放在烧烤架上。
3 旋转虾丸，并刷上适量食用油，撒入适量烧烤粉、孜然粉、辣椒粉。
4 继续旋转虾丸，用小火烤 5 分钟至熟即可。

干竹签容易烤焦，所以可以先浸泡片刻再串虾丸。

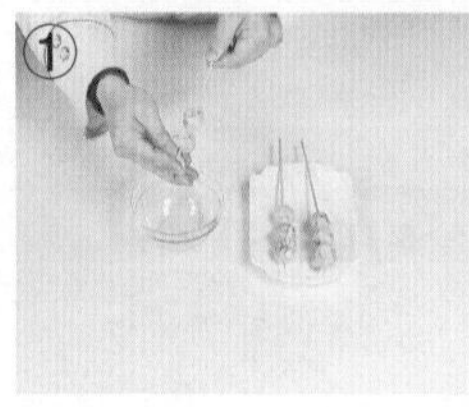

烤墨鱼丸

烹饪时间
8 分钟

原料

墨鱼丸 150 克

调料

烧烤粉、辣椒粉各 5 克，孜然粉少许，食用油适量

可用刀将墨鱼丸划几下，这样能使调料更容易渗入。

做法

1 将洗净的墨鱼丸用竹签穿成串，装入盘中，待用。
2 在烧烤架烧热，在烧烤架上刷少量的食用油，将串好的墨鱼丸放在烧烤架上。
3 以旋转的方式烤墨鱼丸，刷上适量的食用油。
4 撒上适量烧烤粉、孜然粉、辣椒粉。
5 继续旋转墨鱼丸，用小火烤 5 分钟至墨鱼丸熟透。
6 取出烤好的墨鱼丸，将烤好的墨鱼丸装入盘中即可食用。

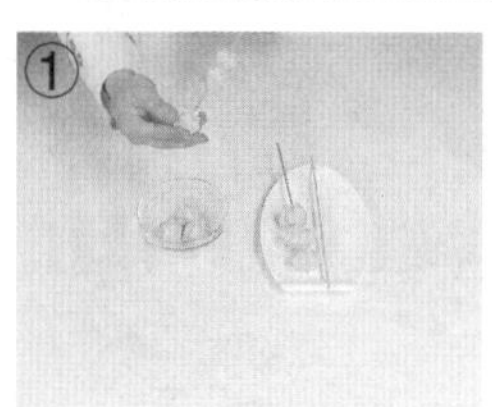

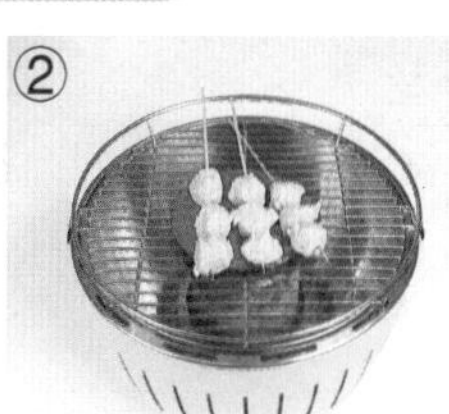

烤银鳕鱼

烹饪时间
15 分钟

原料

银鳕鱼肉 100 克

调料

橄榄油 10 毫升，盐 2 克，白胡椒粉 2 克，烧烤粉 5 克，烧烤汁、柠檬汁各适量

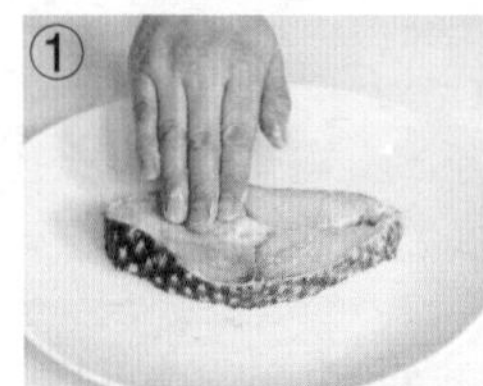

做法

1 在洗净的鱼肉两面撒上适量盐、白胡椒粉，用手抹匀，挤上柠檬汁，用手抹匀，腌渍 10 分钟至其入味，备用。

2 在烧烤架上刷适量橄榄油，把腌好的银鳕鱼放在烧烤架上，用中火烤 5 分钟至变色。

3 将银鳕鱼翻面，刷上少量橄榄油、烧烤汁，用中火烤 5 分钟至上色。

4 再次翻面，刷上橄榄油、烧烤汁，用中火烤 1 分钟至入味，翻转鱼肉，撒上适量烧烤粉，烤 1 分钟至熟即可。

银鳕鱼肉质细腻，烤的时候要注意火候。

红咖喱烤鱿鱼

烹饪时间
22 分钟

原料

洋葱 50 克，鱿鱼 180 克，椰浆 40 毫升，红咖喱酱 30 克，黄油 20 克，大蒜 7 克

做法

1 洋葱切成丝；鱿鱼处理干净，切成段。
2 黄油倒入锅中，放入洋葱、大蒜，翻炒至半透明状。
3 倒入红咖喱酱，翻炒均匀，倒入少许清水。
4 加入鱿鱼翻炒片刻，关火倒入椰浆，拌匀后盛入容器。
5 容器放入预热好的烤箱内，上下火 180℃烤 10 分钟即可。

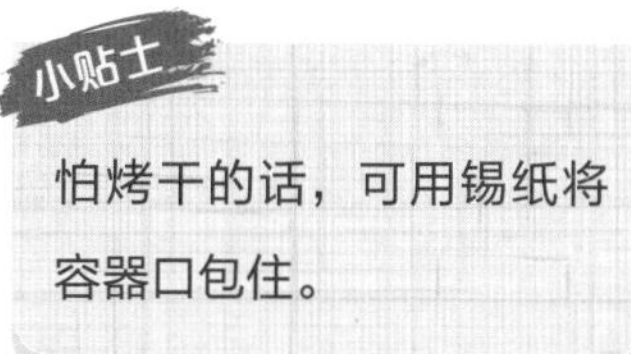

葡式烤青口

烹饪时间
8分钟

原料

青口6个，蛋黄适量

调料

白醋5毫升，盐、白胡椒粉、鸡粉各3克，青柠檬汁、黄油、橄榄油各适量

小贴士

腌渍青口时加适量料酒，口感会更佳。

做法

1 将蛋黄倒入碗中，再倒入白醋，拌匀。
2 边倒入黄油边拌匀，撒入适量盐、白胡椒粉、鸡粉，拌匀。
3 再倒入白醋、橄榄油，拌匀制成葡式酱。
4 将青口打开，取出青口肉，装入碗中，往碗中撒入盐、白胡椒粉，挤入适量的青柠檬汁，拌匀，腌5分钟至入味。
5 将青口壳逐个摆放在烤盘上，放入腌好的青口肉，再倒入适量的葡式酱。
6 烤箱温度调成上下火250℃，烤盘入烤箱，烤8分钟至熟，取出装盘即可。

辣烤鱿鱼

烹饪时间
15 分钟

原料

鲜鱿鱼 100 克

调料

烧烤汁 15 毫升，料酒 10 毫升，蜂蜜 5 克，盐、橄榄油各适量

打的花刀深浅要一致，以免受热不匀。

做法

1 洗净的鱿鱼划一字花刀，再对半切开，切成块，待用。
2 热锅注水煮沸，放入切好的鱿鱼块，焯水 3 分钟，捞起沥干水分。
3 在备好的碗中放入生抽、蒜末、糖、胡椒盐、芝麻油、红辣椒酱，搅拌均匀，制成酱汁，倒入装有鱿鱼块的碗中，搅拌均匀。
4 备好的烤架加热，用刷子抹上食用油，将拌好酱汁的鱿鱼放到烤盘上，烤 5 分钟，翻面，续烤 5 分钟至熟即可。

罗勒烤鲈鱼柳

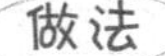

烹饪时间
10 分钟

原料

鲈鱼 1 条，罗勒叶 10 克

调料

烧烤粉 5 克，辣椒粉 8 克，盐 3 克，烧烤汁 8 毫升，白胡椒粉、橄榄油各适量

做法

1 将处理干净的鲈鱼剔骨、去皮，洗净的罗勒叶切成碎末，待用。

2 在鲈鱼两面撒上适量盐、白胡椒粉、烧烤粉、辣椒粉、烧烤汁，抹匀。

3 再将鲈鱼翻面，淋入烧烤汁，抹匀，加入橄榄油，腌渍 10 分钟，至其入味，备用。

4 在烧烤架上刷食用油，将鲈鱼放到烧烤架上，撒上罗勒叶末，用中火烤 3 分钟至变色。

5 刷上少许橄榄油，将鲈鱼翻面，撒上适量罗勒叶末，刷上橄榄油。

6 再撒入适量辣椒粉，用中火烤 2 分钟至熟，撒上罗勒叶，将烤好的鲈鱼装入盘中即可。

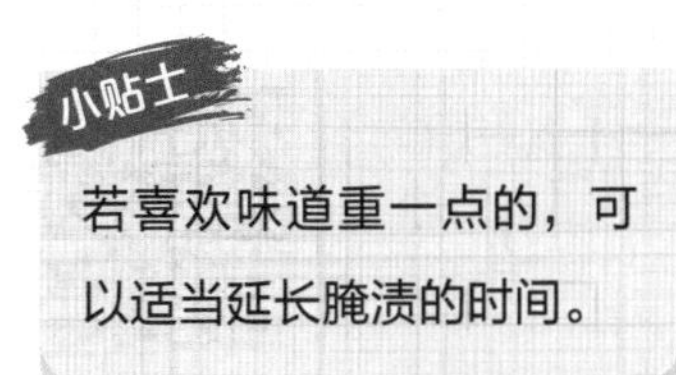

小贴士

若喜欢味道重一点的，可以适当延长腌渍的时间。

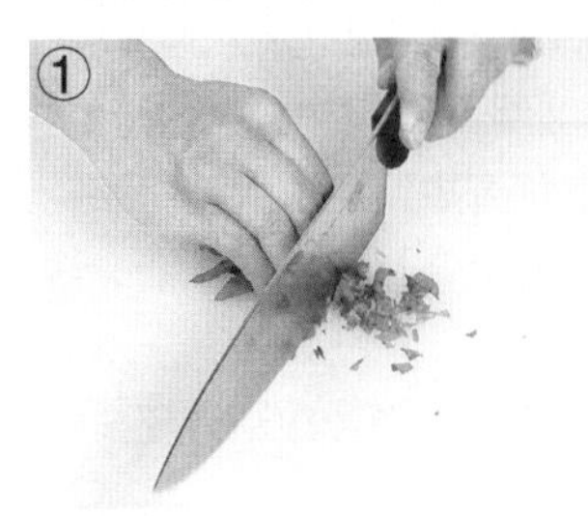

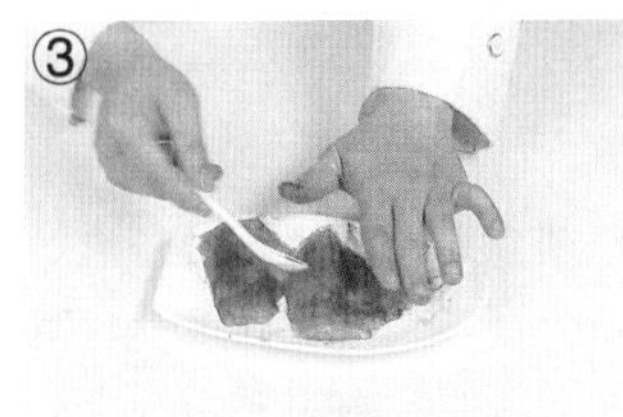

烤原汁鲍鱼

烹饪时间
12 分钟

原料

鲍鱼肉 200 克，蒜蓉 10 克，柠檬、紫苏各适量

调料

白胡椒粉、黑胡椒粉各适量，盐少许，烧烤汁 8 毫升，橄榄油 10 毫升，烧烤粉 5 克

做法

1 鲍鱼肉切十字花刀，紫苏切成碎末。
2 把蒜蓉、紫苏、盐、白胡椒粉、黑胡椒粉、烧烤粉、烧烤汁、柠檬汁、橄榄油加到鲍鱼肉中，拌匀腌渍。
3 将腌渍好的鲍鱼肉放在鲍鱼壳中，再放入烧烤架，烤 5 分钟至上色，翻面，刷上烧烤汁、橄榄油，烤 5 分钟。
4 再翻面，放入蒜茸、紫苏末，刷烧烤汁、橄榄油，继续烤至熟，装盘即可。

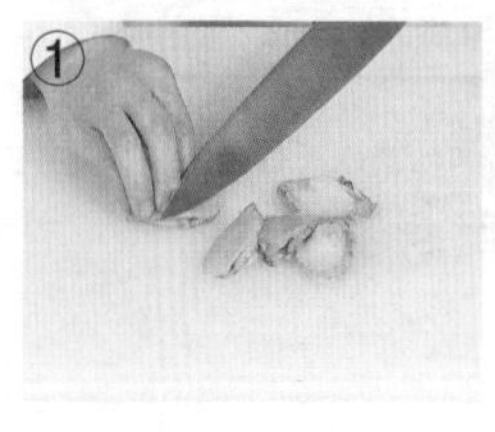

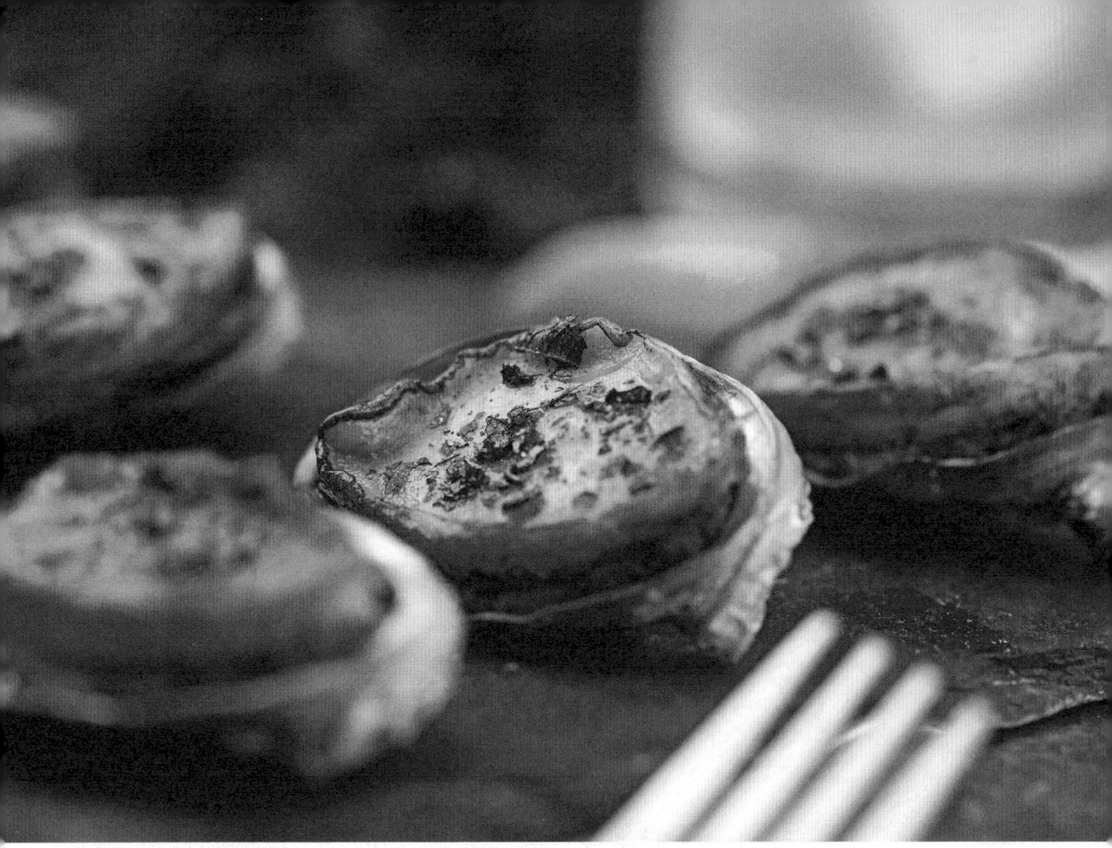

紫苏盐烤小鲍鱼

烹饪时间
7 分钟

原料

小鲍鱼 5 个，紫苏盐适量

调料

生抽少许

做法

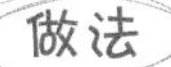

1 小鲍鱼洗净，摆入烤架上。
2 撒上紫苏盐，烤制 2 分钟。
3 淋上少许生抽，再续烤至全熟即可。

小贴士

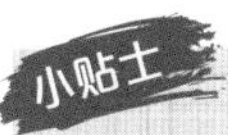

紫苏盐用法很多，可以搭配各种海鲜。

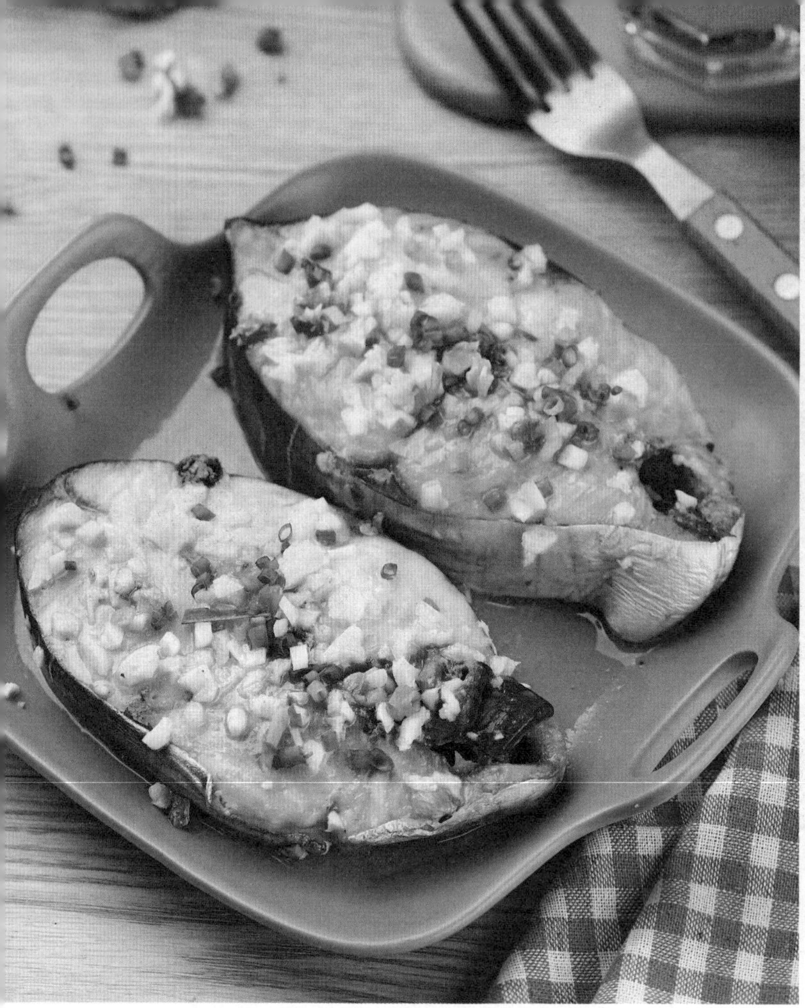

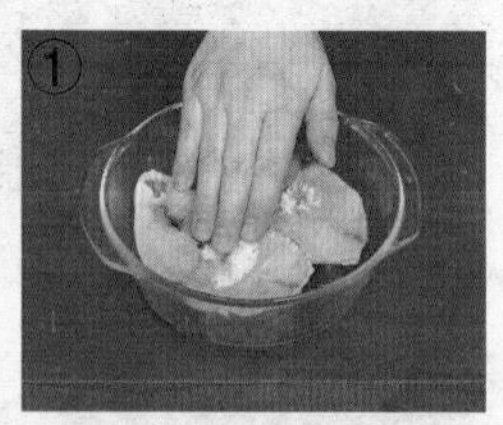

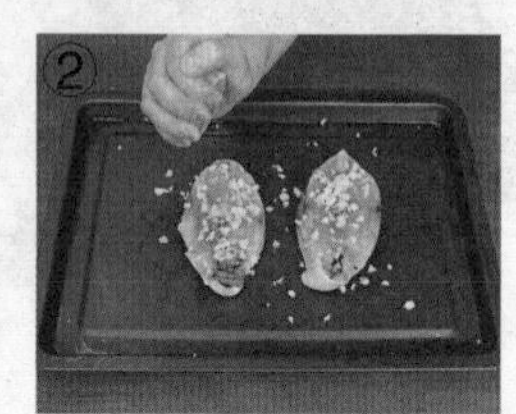

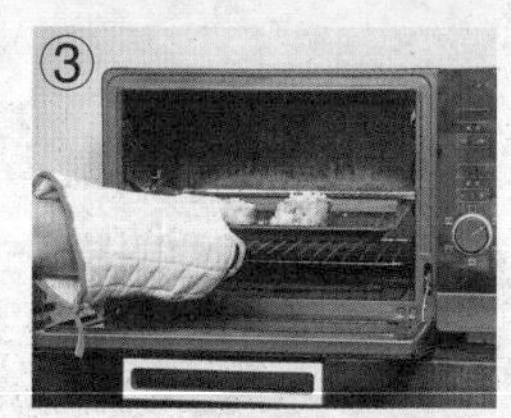

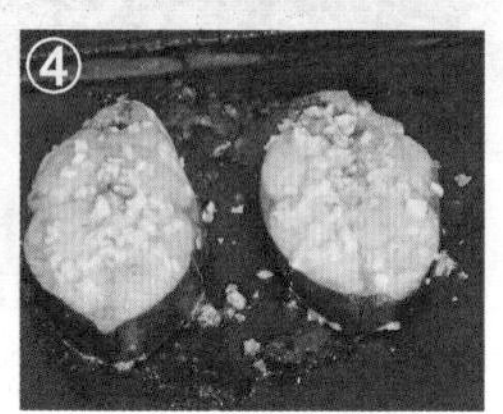

香烤鲅鱼

烹饪时间
13 分钟

原料

鲅鱼 200 克，蒜末 10 克，葱花少许

调料

盐、食用油、柠檬汁各适量

做法

1 处理干净的鲅鱼块装入碗中，用盐抹匀，腌渍片刻。

2 将腌好的鲅鱼块放入烤盘，撒上蒜末，淋上食用油，挤上柠檬汁。

3 烤箱温度调成上下火 200℃，将烤盘移入烤箱，烤 10 分钟。

4 取出，装入盘中，撒上葱花即可。

小贴士

鲅鱼最好腌渍一晚上，会更入味。

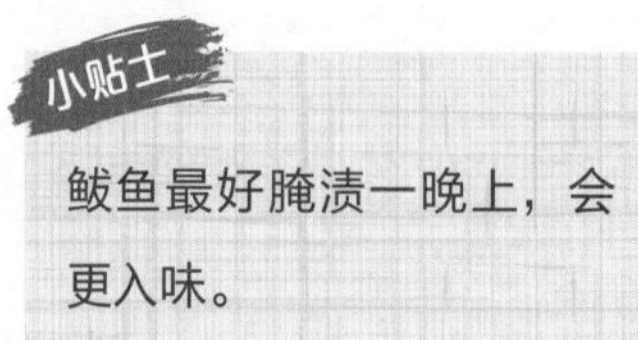

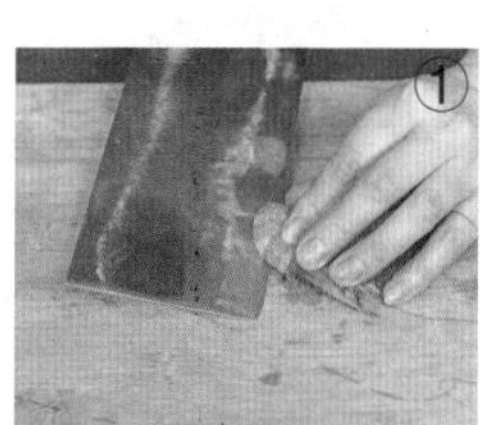

多彩对虾

烹饪时间
10 分钟

原料

虾 100 克，洋葱 30 克，彩椒 40 克，迷迭香末少许

调料

盐、柠檬汁、食用油各适量

做法

1 洗净的虾背部切开，去除虾线，待用。
2 洋葱去衣切小块；彩椒洗净切小块。
3 将处理好的虾和洋葱块、彩椒块一起装碗，挤上柠檬汁，淋入食用油，撒入迷迭香末、盐，拌匀。
4 将拌好的食材放入烤盘，移入预热好的烤箱内，以上下火 180℃烤 8 分钟即可。

喜欢吃辣的可以加一些辣椒粉。

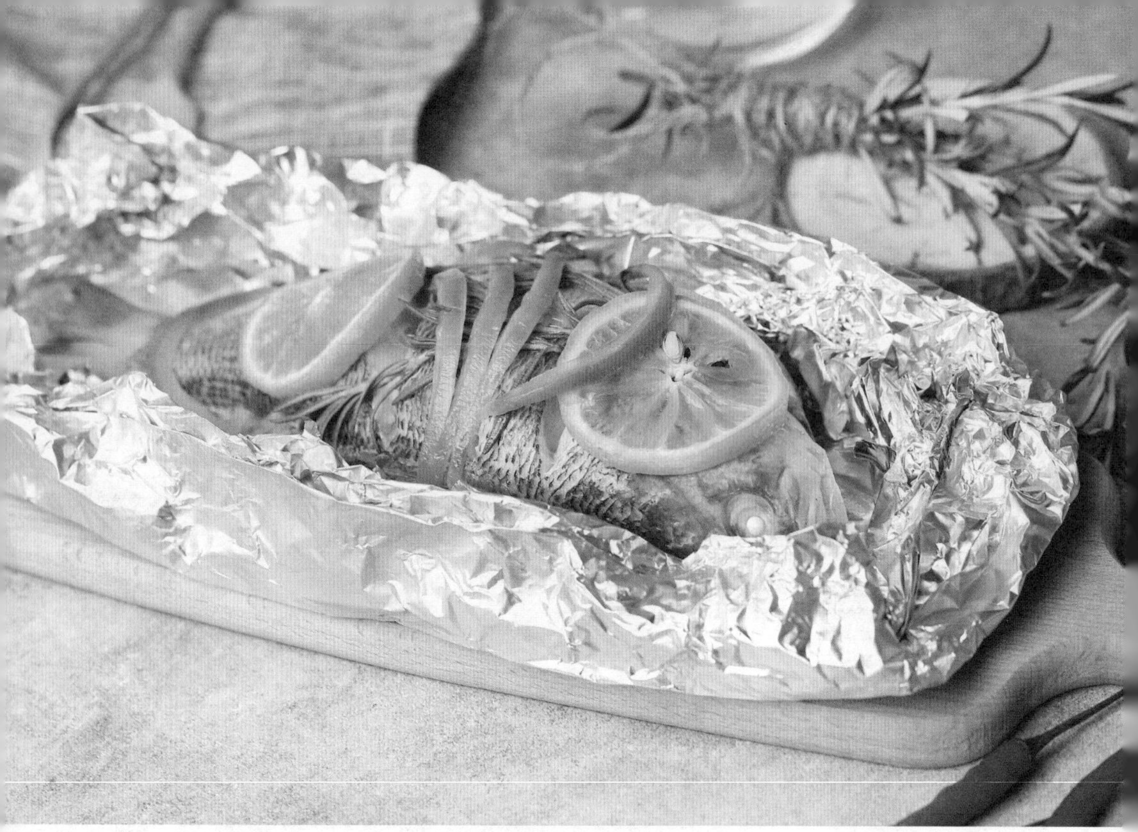

迷迭香烤鲈鱼

烹饪时间
20 分钟

原料

鲈鱼 1 条，柠檬 1 个，洋葱 30 克，迷迭香、姜片各适量

调料

盐、橄榄油各适量

做法

1 洗净的鲈鱼两面切上刀痕，两面与鱼肚内抹上盐。
2 洋葱切丝，柠檬切片。
3 将姜片、柠檬、迷迭香放入鱼肚，摆放在锡纸上。
4 摆放上柠檬皮、洋葱丝，淋上橄榄油，用锡纸包裹好。
5 再放入预热好的烤箱内，上下火 180℃烤制 20 分钟即可。

抹上盐后可腌渍片刻，会更美味。

碳烤整鱿鱼

烹饪时间
10 分钟

原料

鱿鱼 300 克

调料

盐 2 克，辣椒粉、孜然粉各适量

做法

1 洗净的鱿鱼切成段。
2 将鱿鱼放在烤鱼夹上，撒上辣椒粉、盐、孜然粉。
3 固定好夹子，放在烤架上，翻动烤至全熟即可。

小贴士

鱿鱼味道鲜美，不宜多加调味。

蒲烧鳗鱼

烹饪时间
18 分钟

原料

鳗鱼 1 条，蒲烧汁适量

做法

1 洗去鳗鱼身上的黏液，切去鱼头。

2 将鳗鱼横刀剖开，剔去鱼骨。

3 鱼肉处穿上竹签。

4 鱼皮朝下摆入烤架，烤至鱼皮收缩，翻面续烤。

5 将烤至表面转色的鳗鱼放入蒲烧汁中浸泡片刻。

6 再摆入烤架上，反复烤制浸泡直至鳗鱼烤熟。

也可将鳗鱼蒸后再烤制，
也非常美味。

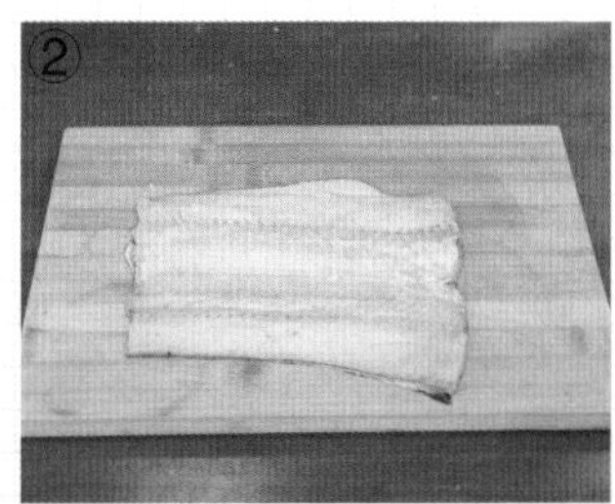

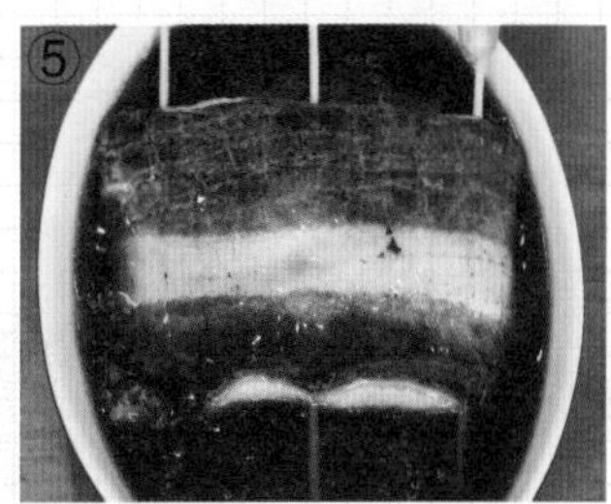

茴香籽马鲛鱼

烹饪时间
17 分钟

原料

马鲛鱼肉 3 块，茴香籽 5 克，柠檬汁适量

调料

盐 3 克，烧烤粉 5 克，白胡椒粉 3 克，烧烤汁 8 毫升，橄榄油 10 毫升，食用油适量

做法

1 在鱼肉上滴几滴柠檬汁，鱼肉两面撒入适量的盐、烧烤粉、白胡椒粉，并抹匀。

2 再撒入适量的茴香籽，淋入适量的烧烤汁、橄榄油，腌渍 30 分钟。

3 将腌好的鱼肉放在烤架上，小火烤 8 分钟至变色。

4 翻面，小火烤 8 分钟至入味，再翻面，小火续烤 1 分钟至熟，将烤好的马鲛鱼装入盘中即可。

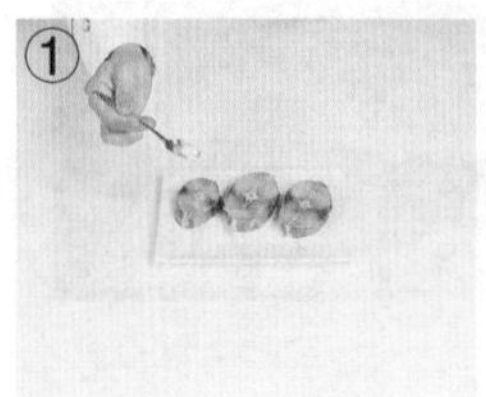

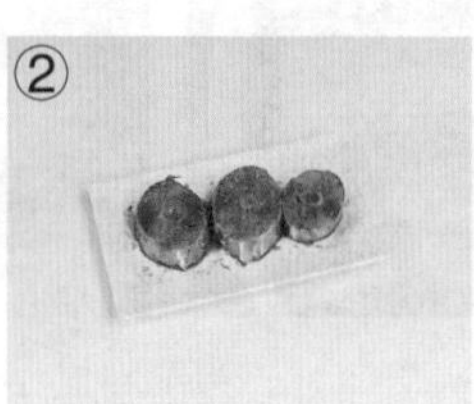

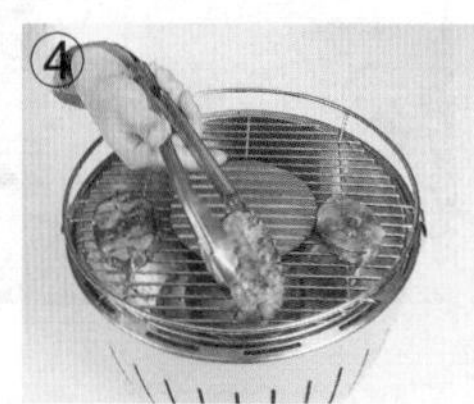

盐烤多春鱼

烹饪时间
12 分钟

原料

多春鱼 6 条

调料

酱油 5 毫升，柠檬 15 克，盐 4 克，胡椒粉、鸡粉、食用油各适量

鱼肉不宜烤制太久，以免影响口感。

做法

1 在处理干净的多春鱼表面撒盐、鸡粉，将鱼翻面再撒上盐、鸡粉、胡椒粉腌渍片刻，使其去腥，备用。

2 在烧烤架上刷适量食用油，将腌好的多春鱼放在烧烤架上，烤约 3 分钟。

3 将鱼翻面，烤约 3 分钟至其两面呈金黄色。

4 再次翻面，烤约 1 分钟至熟，装入盘中，在鱼身上挤上柠檬汁即可。

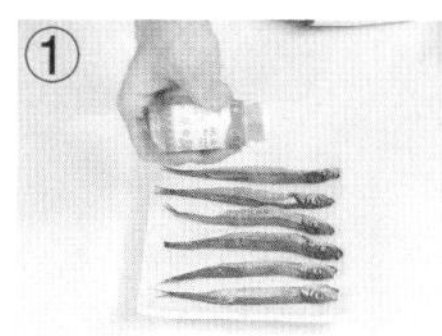

烤小黄花鱼

烹饪时间
30 分钟

原料

小黄花鱼 200 克，姜片、葱段各少许

调料

黑胡椒粉、辣椒粉、烧烤粉各 5 克，料酒 5 毫升，盐、柠檬汁、食用油、烧烤汁各适量

做法

1 小黄花鱼处理干净，沥干水分，用刀在鱼背上切斜刀，待用。

2 将姜片、葱段放入鱼腹中；小黄花鱼表面抹上一层食用油、盐、黑胡椒粉、辣椒粉、料酒，腌渍 30 分钟，待用。

3 将烤鱼网放在烤架上，烤 15 分钟后在鱼两面刷上少许食用油、烧烤汁，继续烤至变黄。

4 不时翻面，并在鱼两面均匀撒上辣椒粉、烧烤粉，续烤 15 分钟即可取出装盘。

将黄鱼洗净后可用黄酒腌渍，这样能除去鱼的腥味。

盐烤鲑鱼

烹饪时间
25 分钟

原料

鲑鱼 200 克，柠檬 1 个

调料

盐、黑胡椒各少许

做法

1 洗净的鲑鱼擦干水分，两面撒上盐、黑胡椒。
2 放在烤架上，将鲑鱼烤至半熟。
3 挤上柠檬汁，再烤至熟即可。

小贴士

鲑鱼含油脂较高，烤制时无需刷油。

napu

炙烤鲈鱼

烹饪时间
17 分钟

原料

鲈鱼 400 克，洋葱 30 克，彩椒 50 克，姜片少许

调料

盐 2 克，黑胡椒 2 克，料酒 5 毫升，食用油适量

做法

1 洗净的鲈鱼两边切上一字花刀。

2 处理好的洋葱切成小块。

3 洗净的彩椒去籽，切成小块。

4 鲈鱼装入盘中两面涂抹上盐、黑胡椒，鱼腹内塞进姜片。

5 再刷上一层食用油，铺上洋葱、彩椒。

6 最后撒上黑胡椒，放入预热好的烤箱，将上下火调至 200℃，烤 10 分钟至鲈鱼熟即可。

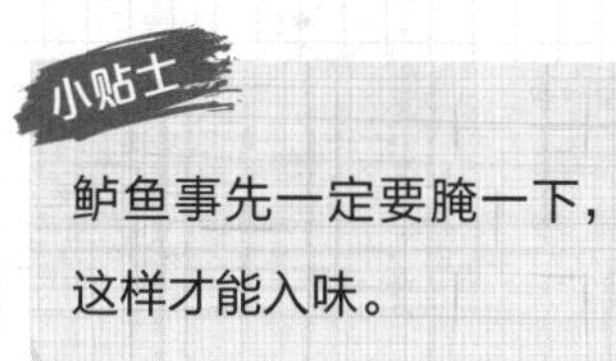

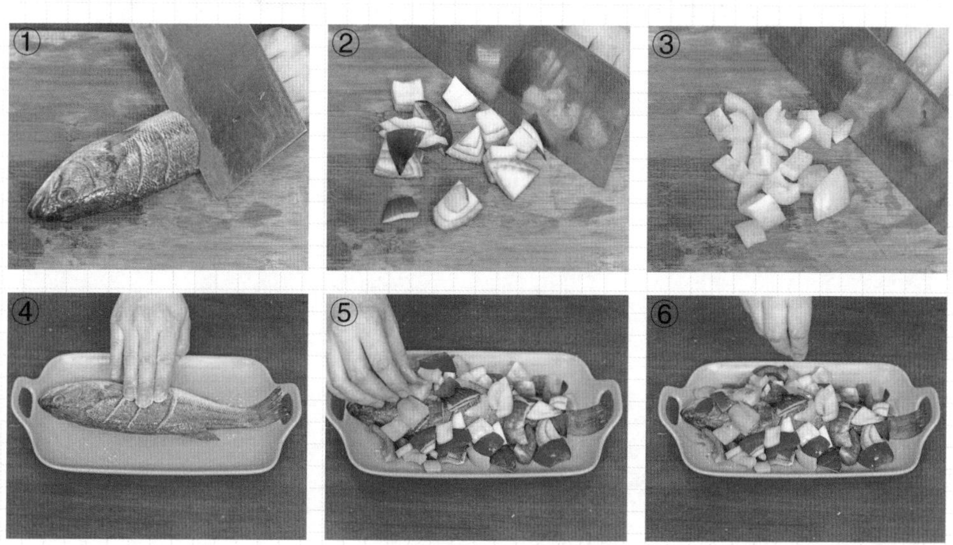

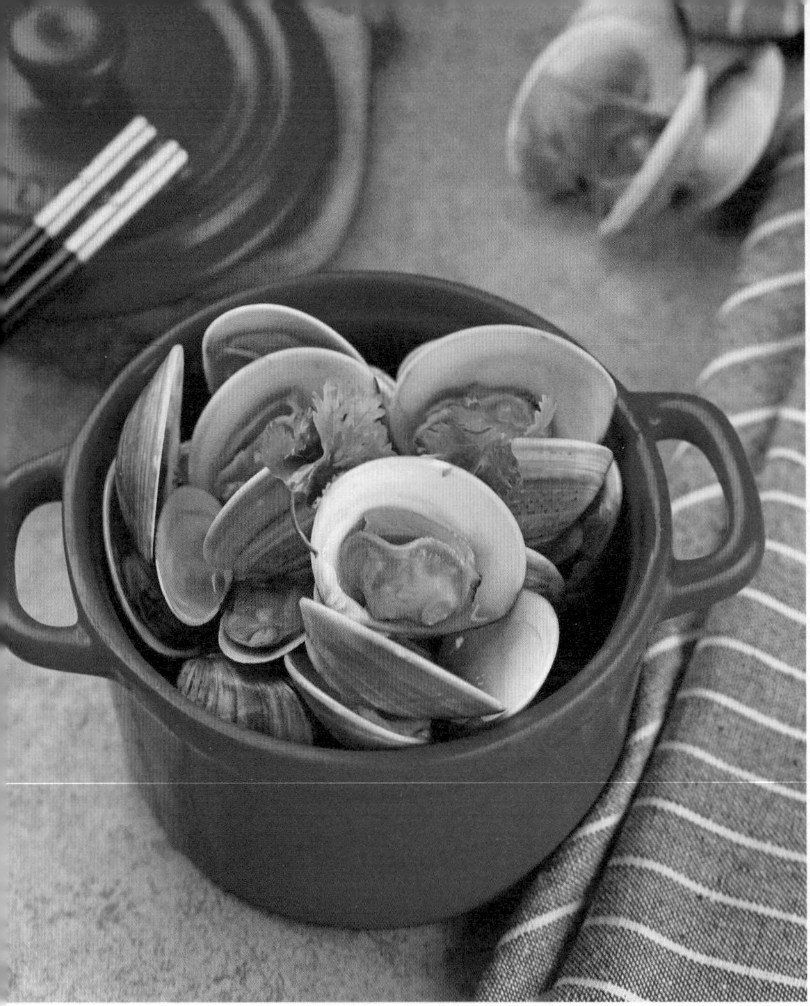

酒焖蛤蜊

烹饪时间
17 分钟

原料

蛤蜊 200 克，清酒适量

调料

生抽少许

做法

1 蛤蜊清洗干净，倒入清酒。
2 盖上盖子将容器放入烤箱内，上下火 180℃烤制 10 分钟。
3 待时间到，淋入少许生抽。
4 再续烤 5 分钟至壳张开即可。

蛤蜊本身鲜美，所以无需多加调味。

蒜香烤带子

烹饪时间
8 分钟

原料

带子 2 个，剁椒蒜酱适量

调料

盐适量

做法

1 带子从中间撬开，取肉切去内脏，再清洗干净。
2 将带子放入烤盘内，盖上剁椒蒜酱，撒上盐。
3 摆放至烤架上，烤至带子全熟即可。

小贴士

带子不宜烤得太老，烤制时注意火候。

蒜香芝士烤虾

烹饪时间
10 分钟

原料

明虾 140 克，大蒜 20 克，芝士 30 克，葱花少许

调料

橄榄油、盐各少许

做法

1 大蒜去皮，剁成蒜泥。

2 洗净的明虾背部切开，剔去虾线。

3 芝士细细切碎。

4 将明虾铺在盘子内，撒上少许盐。

5 再填上芝士、蒜末，淋上少许橄榄油。

6 放入预热好的烤箱内，上下火 170℃烤制 7 分钟，再撒上葱花即可。

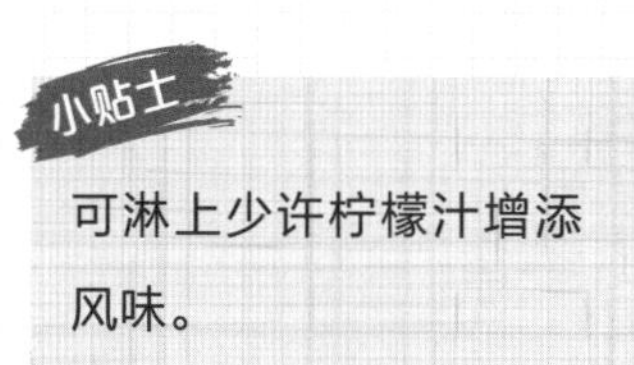

生烤鳕鱼

烹饪时间
12 分钟

原料

带皮鳕鱼 150 克，柠檬半个

调料

盐适量

做法

1 将处理好的鳕鱼表面的水擦干净，放在烤架上。
2 将表面烤出花纹，两面撒上盐。
3 烤入味后，挤上柠檬汁即可。

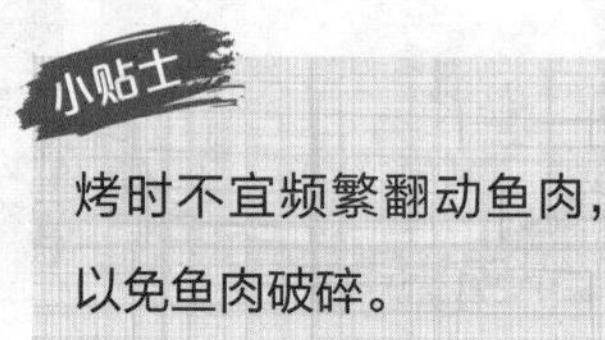

第3章 健康又美味的蔬果

本章收录了能解除烤肉油腻的烤蔬菜，与能当做饭后甜点的烤水果，是烤肉的最强伴侣。

烤魔芋

烹饪时间
13 分钟

原料

魔芋 300 克

调料

盐 2 克，胡椒粉、椒盐、孜然粉各少许，食用油适量

做法

1 将洗净的魔芋切片，再切上刀花。
2 烤盘中刷上底油，倒入魔芋片，摆放整齐。
3 抹上一层食用油，撒上盐、胡椒粉、椒盐、孜然粉。
4 推入预热的烤箱中，上下火温度为 120℃，烤约 10 分钟，至食材熟透即可。

底油要多刷一些，以免将食材烤煳。

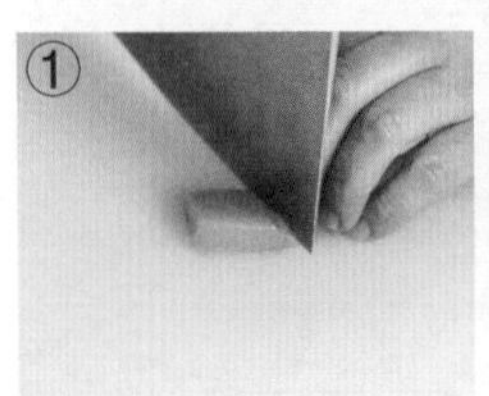

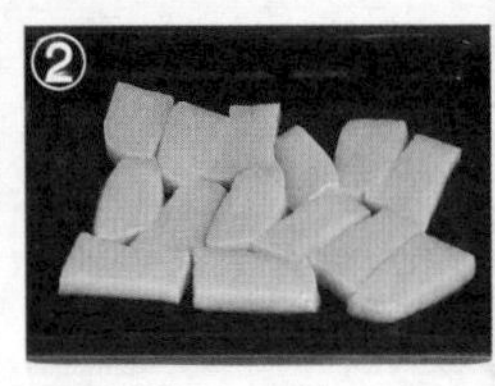

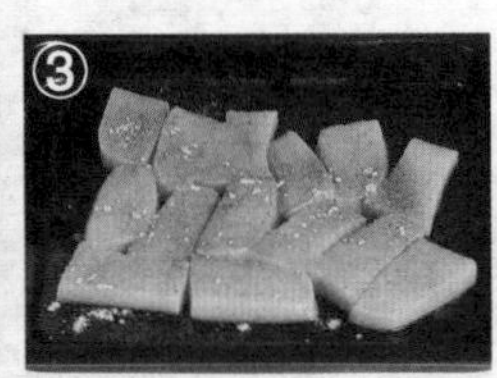

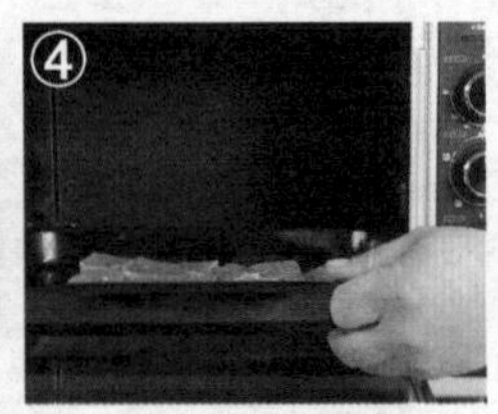

烤青椒

烹饪时间
15 分钟

原料

青椒 110 克，蒜末、葱花各少许

调料

盐、鸡粉各 2 克，白糖 3 克，芝麻油、陈醋、生抽各 5 毫升，食用油适量

小贴士

调料可以根据自己的口味添加。

做法

1 碗里放入葱花、蒜末，加入生抽、陈醋、盐、鸡粉、白糖、芝麻油，拌匀，制成调味酱。

2 烤盘中铺上锡纸，刷上食用油，放入青椒，再放入烤箱。

3 将上下火温度调至 200℃，烤 15 分钟至青椒熟，取出烤盘。

4 将烤好的青椒切成小段，装入碗中，倒入调味酱，拌匀即可。

烤香菇

烹饪时间
15 分钟

原料

香菇 120 克，蒜末少许

调料

盐 1 克，黑胡椒 5 克，食用油适量

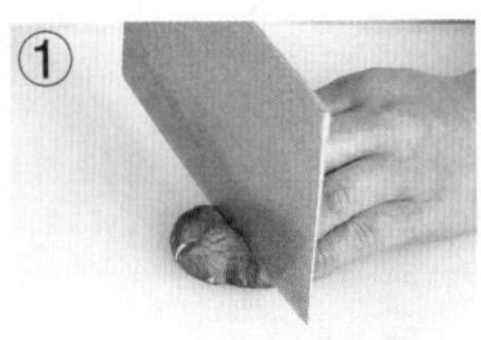

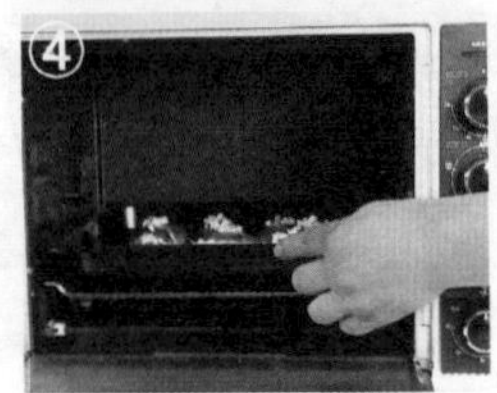

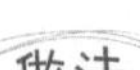

做法

1 将香菇柄切除，切十字花刀待用。
2 香菇放在烤盘上，香菇上放入蒜末。
3 用刷子给香菇沾上食用油，撒上盐、黑胡椒粉。
4 放入预热好的烤箱内，将上下火温度调至 220℃，烤 15 分钟至熟透入味即可。

小贴士

喜欢辣口味的话，可以撒入适量的辣椒粉。

烤油三角

烹饪时间
6 分钟

原料

油三角 100 克

调料

烧烤汁 5 毫升，盐 2 克，烧烤粉、辣椒粉各 5 克，孜然粉、食用油各适量

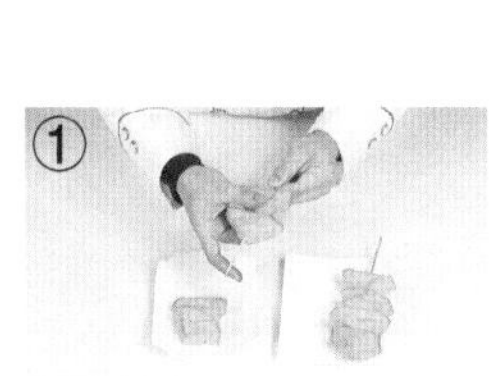

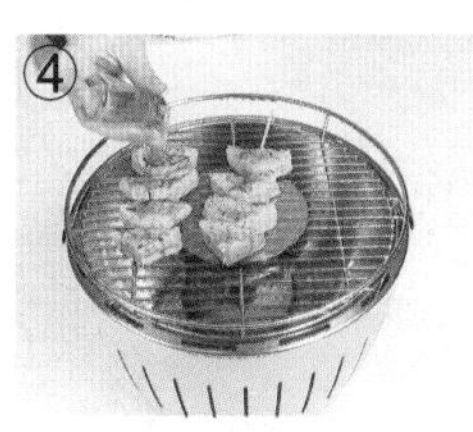

做法

1 将油三角用竹签穿成串，装入盘中，待用。
2 把油三角串放在烧烤架上，用小火烤 1 分钟，刷上适量食用油。
3 翻面，再刷上少许食用油，用小刀在油三角上戳小口，刷上适量烧烤汁，撒入盐、烧烤粉、孜然粉、辣椒粉。
4 用小火烤 1 分钟至入味，翻面，继续在油三角上戳小口，撒入盐、烧烤粉、孜然粉、辣椒粉，刷上适量烧烤汁，用小火续烤 2 分钟至入味即可。

小贴士

油三角水分含量少，烤制时要多翻转几次，以免烤糊。

烤南瓜

烹饪时间
25 分钟

原料

南瓜 200 克

调料

玉桂粉 3 克，黄油 50 克，盐 2 克，食用油适量

做法

1 将洗净的南瓜切成扇形，去瓤，装碗待用。

2 在切好的南瓜上均匀地抹上少许盐。

3 将溶化的黄油放入南瓜中，倒入适量玉桂粉，抹匀，腌渍一会儿至其入味。

4 在铺有锡纸的烤盘上刷适量食用油，将南瓜放入烤盘中。

5 把烤箱温度调成上火 250℃、下火 250℃，将烤盘放入烤箱，烤 20 分钟至熟。

6 从烤箱中取出烤盘，将烤好的南瓜装入盘中即可。

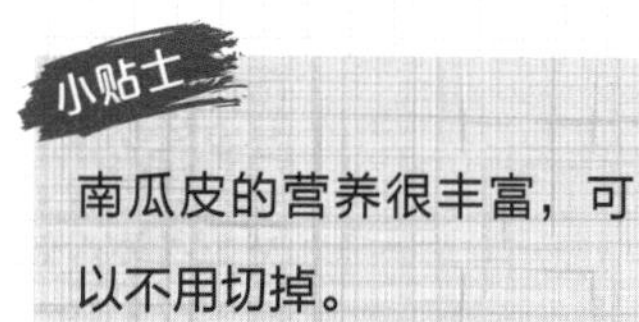

小贴士

南瓜皮的营养很丰富，可以不用切掉。

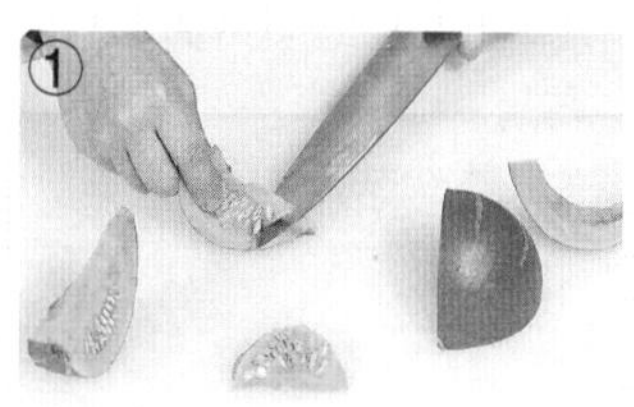
①

②

③

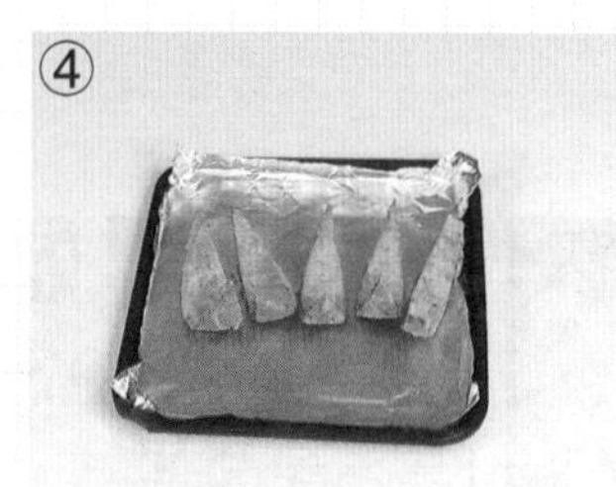
④

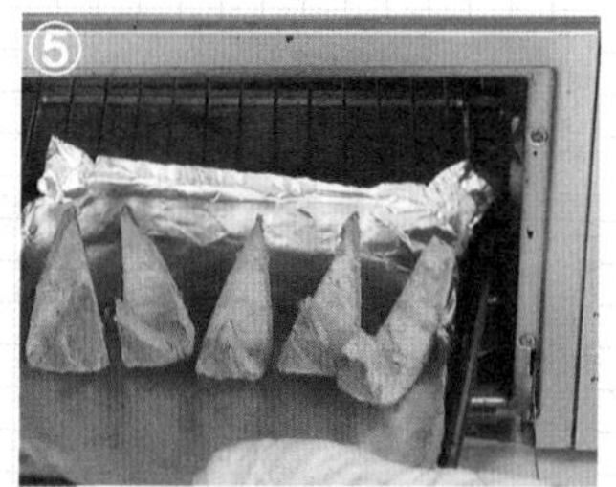
⑤

⑥

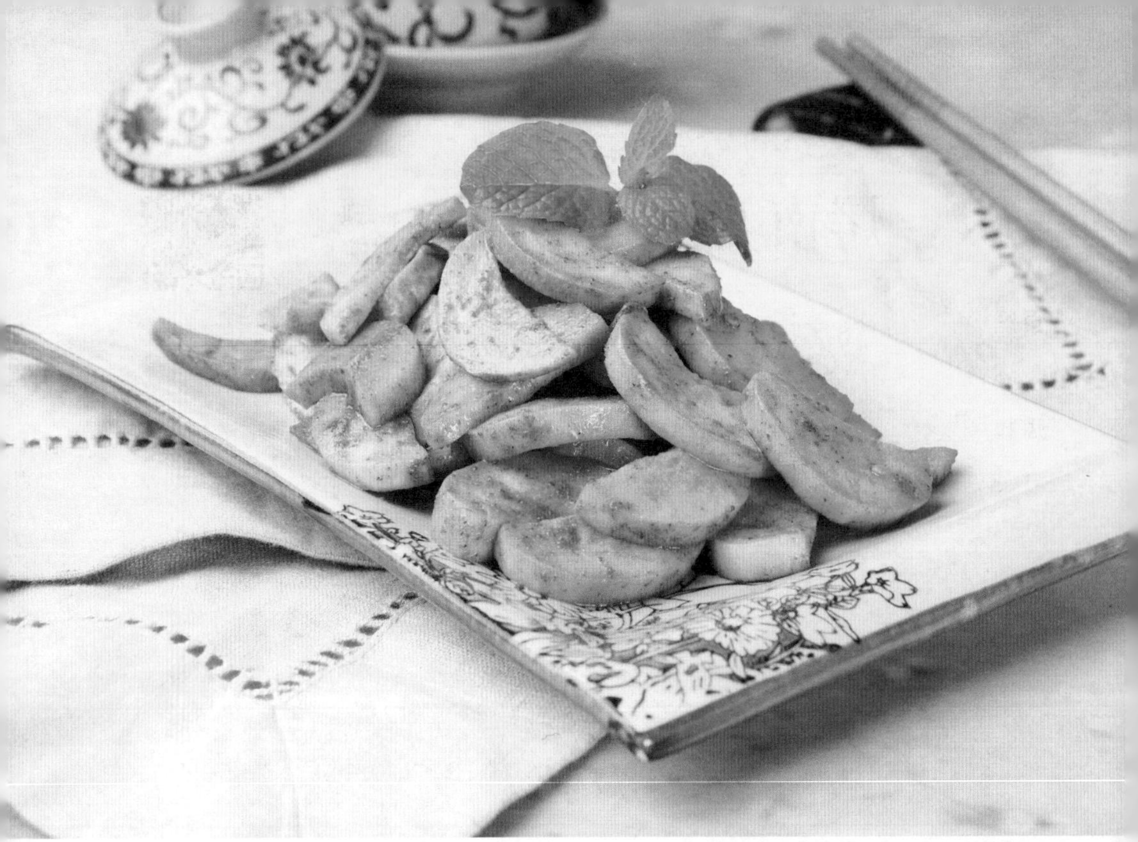

烤箱杏鲍菇

烹饪时间
10 分钟

原料

杏鲍菇 130 克，烧烤料 15 克

调料

盐 2 克，生抽 5 毫升，食用油适量

做法

1 洗净的杏鲍菇切片。
2 取一碗，放入杏鲍菇片，加入烧烤料、食用油、盐、生抽，用筷子搅拌均匀，待用。
3 烤盘中刷上一层食用油，放入杏鲍菇片。
4 烤盘放入预热好的烤箱内，将上下火温度调至 180℃，烤 10 分钟至杏鲍菇熟即可。

杏鲍菇切得稍微薄点，容易烤熟。

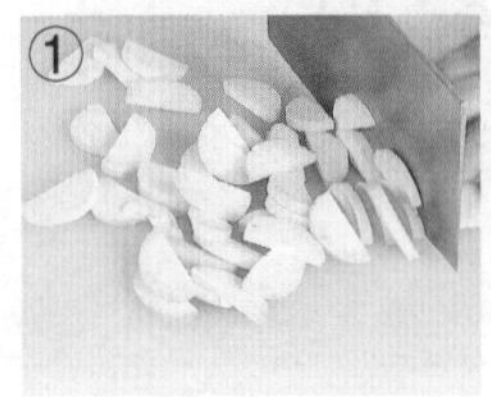

XO 酱烤茭白

烹饪时间
22 分钟

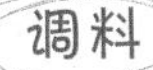

原料

茭白 160 克，XO 酱 30 克

调料

盐少许

做法

1 将洗净去皮的茭白切去头尾，改切长方块，再切上刀花。
2 烤盘中铺好锡纸，放入切好的茭白，摆放整齐。
3 推入预热好的烤箱中，将上下火温度调为 200℃，烤约 15 分钟，至食材断生。
4 打开箱门，取出烤盘，刷上 XO 酱，撒上盐。
5 再次推入烤箱中，关好箱门，烤约 3 分钟，至食材入味。
6 断电后打开箱门，取出烤盘即可。

茭白上的刀花最好切得深一些，烤的时候更易入味。

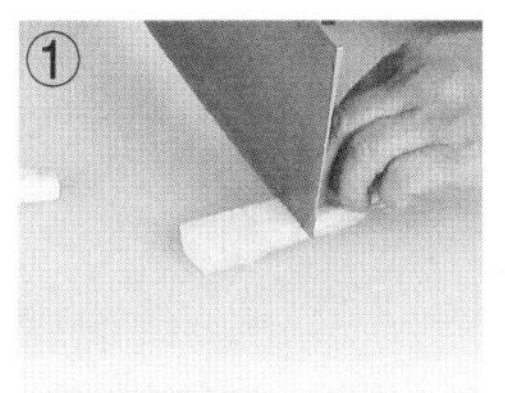

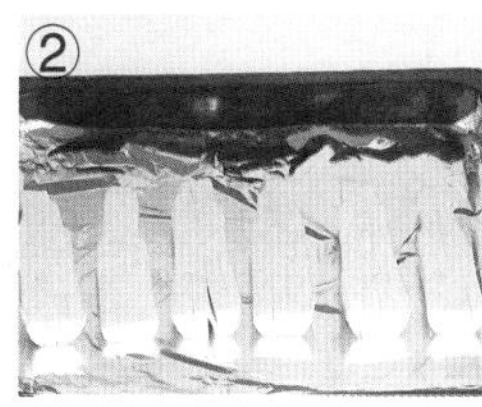

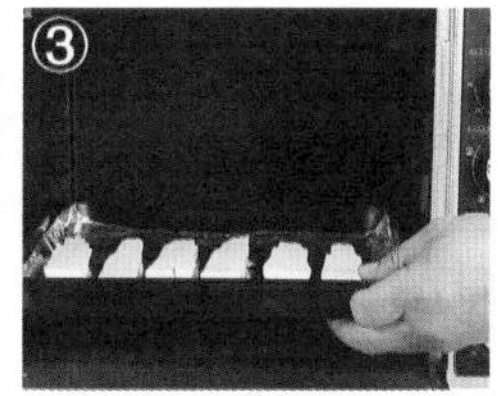

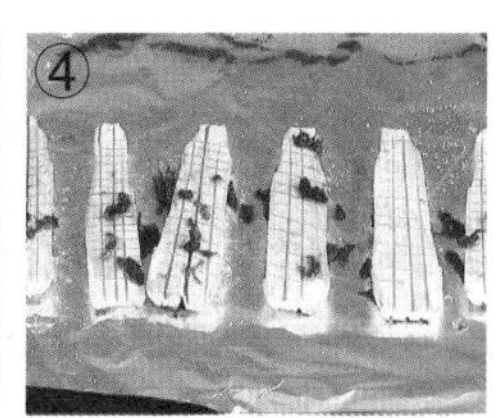

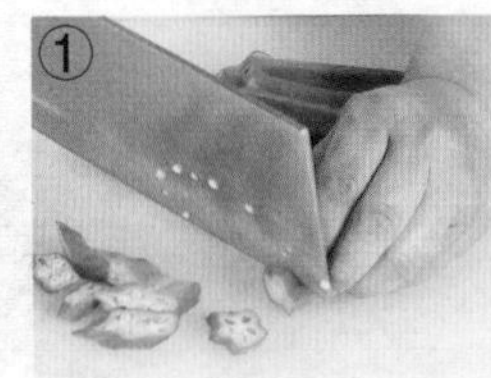

盐烤秋葵

烹饪时间
23 分钟

原料

秋葵 170 克

调料

盐 2 克，黑胡椒粉、橄榄油各适量

做法

1 将洗净的秋葵斜刀切段。
2 锅中注入适量清水烧开，倒入切好的秋葵。
3 拌匀，焯煮一会儿，捞出材料，沥干水分，待用。
4 烤盘中铺好锡纸，倒入焯过水的秋葵。
5 加入盐、黑胡椒粉，淋上橄榄油，拌匀。
6 放入预热的烤箱，调上下火温度为 180℃，烤约 20 分钟，至食材熟透即可。

焯煮秋葵时，可加入少许盐，能改善口感。

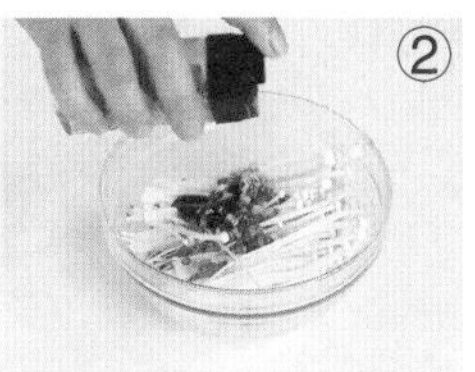

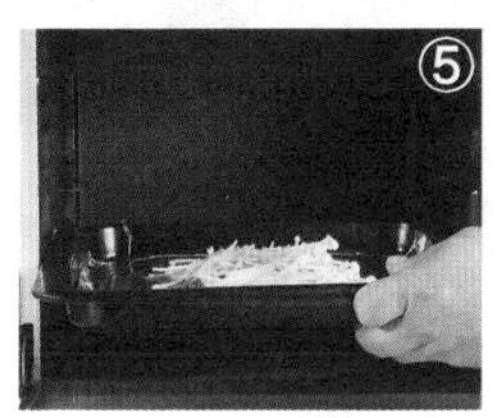

烤金针菇

烹饪时间
15 分钟

原料

金针菇 100 克，蒜末、葱花各少许

调料

盐 2 克，孜然粉 5 克，生抽 5 毫升，蚝油、食用油各适量

可添加少许的肉末与金针菇一起烤制，会更美味。

做法

1 洗净的金针菇切去根部，再用手掰散。

2 取一碗，放入金针菇、葱花、蒜末，加入盐、生抽、蚝油、食用油、孜然粉。

3 用筷子搅拌均匀，待用。

4 烤盘中铺上锡纸，刷上食用油，放入金针菇，铺匀。

5 取烤箱，放入烤盘。

6 关好箱门，将上火温度调至 150℃，选择“双管发热”功能，再将下火温度调至 150℃，烤 15 分钟至金针菇熟。

7 打开箱门，取出烤盘即可。

烤蔬菜卷

烹饪时间
20 分钟

原料

小葱 25 克，香菜 30 克，豆皮 170 克，生菜 160 克，辣椒粉 15 克，泰式辣鸡酱 25 克

调料

盐 2 克，生抽 5 毫升，孜然粉 5 克，食用油适量

做法

1 洗净的豆皮修齐成正方形状。

2 生菜切丝；洗净的香菜切段；洗好的小葱切段。

3 在碗中加入泰式辣鸡酱、辣椒粉、孜然粉、盐、生抽、食用油，拌匀，制成调味酱。

4 往豆皮刷上一层调味酱，放上小葱段、香菜丝、生菜丝，卷成卷，依次串在竹签上。

5 将豆皮两面分别刷上调味酱，放在烤盘中。

6 烤盘放入烤箱内，将上下火温度调至 150℃，烤 20 分钟至熟即可。

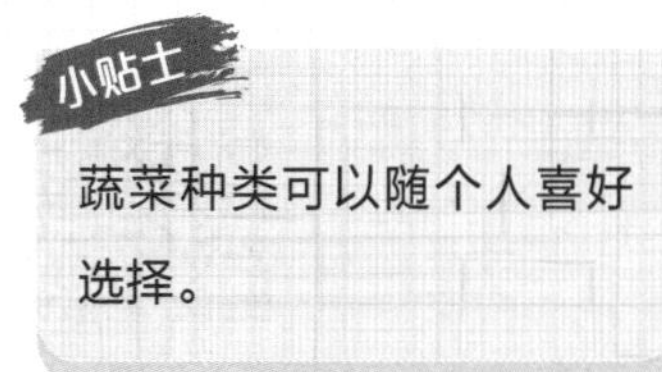

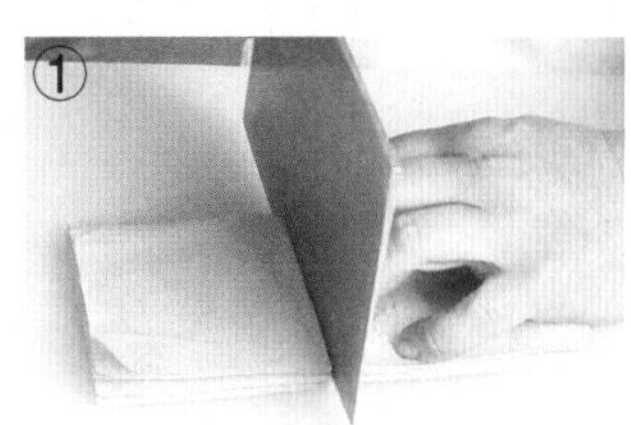

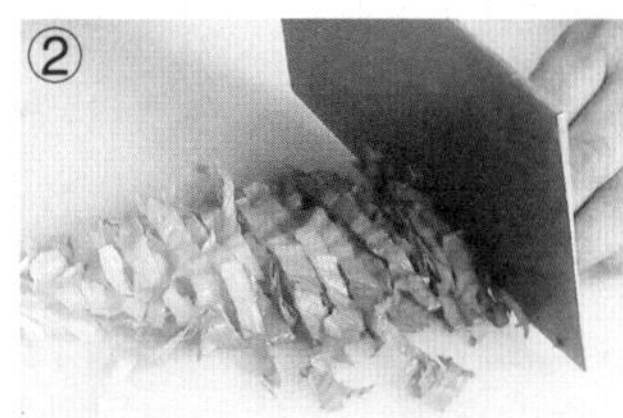

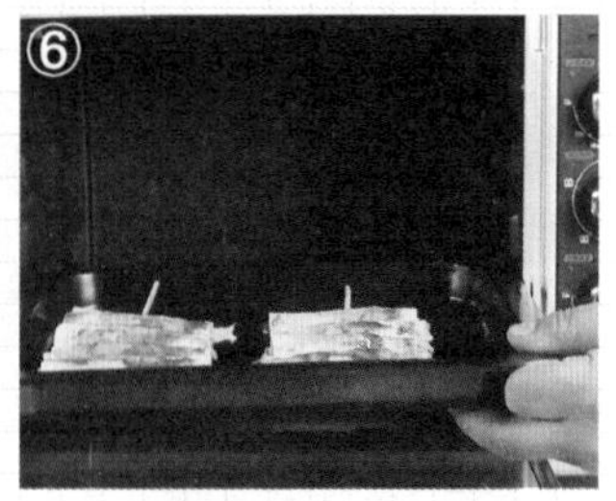

烤冬笋

烹饪时间
20 分钟

原料

冬笋块 200 克

调料

盐 2 克，烧烤粉、孜然粉各 5 克，食用油适量

做法

1 在烧烤架上刷适量食用油，把冬笋放在烧烤架上，用小火烤 5 分钟。
2 翻面，刷上适量食用油，小火烤 5 分钟至上色。
3 再翻面，刷上适量食用油，小火续烤 5 分钟至上色。
4 在冬笋上撒少许盐、烧烤粉、孜然粉。
5 翻面，再撒上烧烤粉、孜然粉，用小火烤 2 分钟至入味。
6 翻面，续烤 1 分钟至熟，将烤好的冬笋装盘即可。

冬笋根部要多切去一点，以免影响口感。

烤山药

烹饪时间
13 分钟

原料

山药 150 克

调料

盐 2 克，孜然粉、烧烤粉各 5 克，食用油适量

做法

1 将洗净去皮的山药用烧烤针穿成串，装入盘中待用。
2 烧烤架上刷食用油，把山药串放在烧烤架上，用小火烤 5 分钟至一面变色。
3 翻面，刷上适量食用油，用小火烤 5 分钟至山药全部变色。
4 翻转山药，撒上烧烤粉、盐、孜然粉，续烤 1 分钟至熟即可。

山药有黏液，可用盐水清洗，以减少黏液。

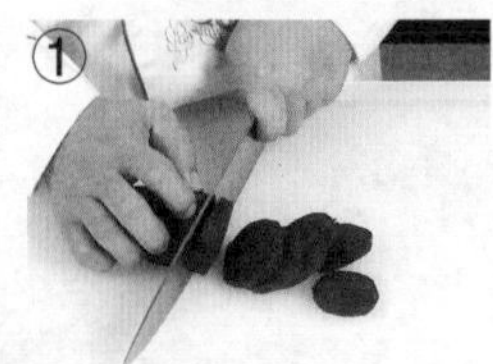

蜜汁烤紫薯

烹饪时间
7分钟

原料

紫薯500克

调料

蜂蜜8克，盐少许，食用油适量

做法

1 将洗净的紫薯去皮，再切成厚片，装入盘中，待用。

2 在烧烤架上刷适量食用油，将紫薯片放在烧烤架上，用中火烤2分钟至变色。

3 刷上适量食用油、蜂蜜，翻面，刷上适量食用油、蜂蜜，用中火烤2分钟。

4 在紫薯两面撒上适量盐，刷少量蜂蜜，续烤1分钟至熟即可。

用小刀在紫薯上戳几个孔，这样更易熟透。

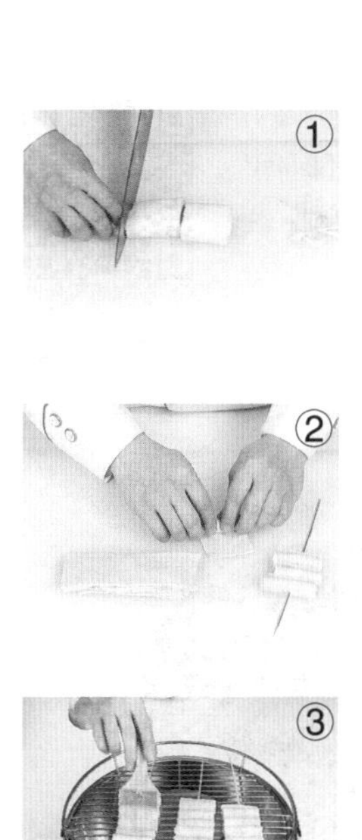

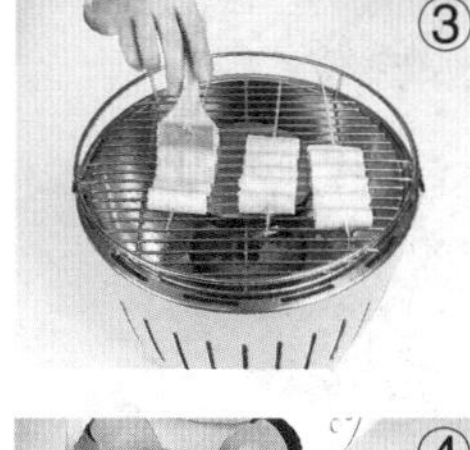

烤豆皮卷

烹饪时间
8 分钟

原料

豆皮 100 克

调料

烧烤粉 5 克，孜然粉 5 克，辣椒粉、盐各 2 克，烧烤汁 10 毫升，食用油适量

做法

1 将豆皮卷起，切成三等份，切去两边不平整的部分，打开豆皮，依次叠起，对半切开。

2 将豆皮卷成卷，用竹签穿成串，装入盘中，备用。

3 在烧烤架上刷适量食用油，把豆皮串放在烧烤架上，刷适量食用油。

4 翻面，再刷上适量食用油，用中火烤 2 分钟至变色。

5 在豆皮串两面均匀地撒上适量盐、烧烤粉、孜然粉、辣椒粉，用中火烤 3 分钟至上色。

6 再刷上适量烧烤汁，用中火烤 1 分钟至熟即可。

豆皮不能卷得太紧，否则内部不易入味。

烤彩椒

烹饪时间
7 分钟

原料

红、黄彩椒各 1 个

调料

盐 2 克，烧烤粉 5 克，孜然粉、食用油各适量

彩椒肉质娇嫩，烧烤时可以八九成熟为佳。

做法

1 在烧烤架上刷适量食用油，将洗净的彩椒放在烧烤架上，用中火烤 2 分钟至上色。
2 翻面，用中火烤 2 分钟至上色；再翻面，以旋转的方式用中火烤 2 分钟。
3 将彩椒边旋转边刷上适量食用油，撒入盐、烧烤粉、孜然粉。
4 再以旋转的方式，用中火续烤 1 分钟至熟即可。

烤杏鲍菇

烹饪时间
10分钟

原料

杏鲍菇100克

调料

盐2克，孜然粉、烧烤粉各5克，食用油适量

小贴士

在杏鲍菇表面划出网纹状后再切片，这样更易入味。

做法

1 将洗净的杏鲍菇切成2厘米厚的片，装入盘中待用。
2 将切好的杏鲍菇用竹签穿成串，备用。
3 在烧烤架上刷适量食用油，把杏鲍菇串放在烧烤架上，用中火烤3分钟至变色。
4 在杏鲍菇串上刷适量食用油，撒上烧烤粉、盐、孜然粉，用中火烤3分钟。
5 翻面，刷上适量食用油，撒入少许烧烤粉、盐、孜然粉，用中火烤1分钟至入味。
6 翻面，用中火续烤1分钟至熟即可。

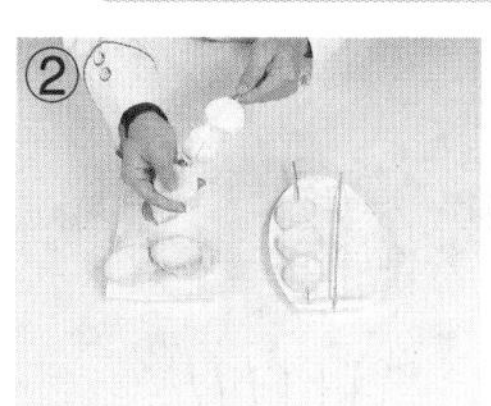

香烤四季豆

烹饪时间
6 分钟

原料

四季豆 100 克

调料

盐 3 克，烧烤粉、孜然粉、辣椒粉各 5 克，食用油适量

做法

1 洗净的四季豆切成 4 厘米长的段，用竹签将四季豆穿成串。
2 在烧烤架上刷适量食用油，放上四季豆串，两面均刷上食用油，用中火至变色。
3 翻面，撒上辣椒粉、盐、孜然粉，用中火烤至入味。
4 翻面，再撒上盐、孜然粉、辣椒粉、烧烤粉，用小火烤至熟即可。

小贴士

可用叉子在食材上戳洞后撒调料，更易入味。

香烤杂菇

烹饪时间
10 分钟

原料

金针菇 80 克，蟹味菇 100 克，白玉菇 100 克，蒜末 10 克，葱花 10 克

调料

盐、黑胡椒粉、鸡粉各 3 克，食用油适量

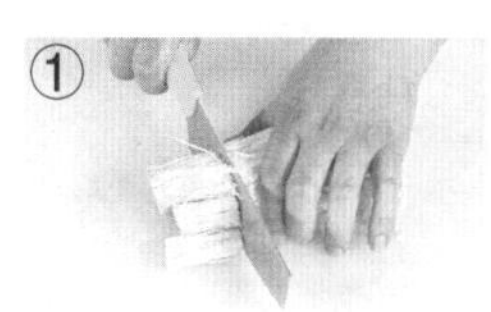

做法

1 洗净的蟹味菇、白玉菇、金针菇均去根。

2 沸水锅中倒入白玉菇、蟹味菇、金针菇，焯煮至断生，捞出放入盘中待用。

3 往食材中倒入蒜末、葱花。

4 加入盐、食用油、黑胡椒粉、鸡粉，拌匀入味。

5 将入味的食材铺放在铺有锡纸的烤盘上，放入预热好的烤箱内。

6 将上下火温度调至 180℃，烤 10 分钟即可。

小贴士

白玉菇味道鲜美，烹饪过程中可少加鸡粉。

蒜香脆皮土豆

烹饪时间
60 分钟

原料

土豆 200 克，大蒜 8 克，迷迭香少许

调料

盐、黑胡椒、食用油各适量

做法

1 土豆去皮切滚刀大块。

2 锅中注水烧开，放盐，加入土豆，用大火煮 10 分钟。

3 煮好的土豆捞出装入碗中，淋上少许食用油。

4 撒上盐、黑胡椒。

5 撒上迷迭香、蒜瓣。

6 放入预热好的烤箱内，上下火温度调至 180℃烤制 45 分钟即可。

土豆要是块太大，可多煮 5 分钟。

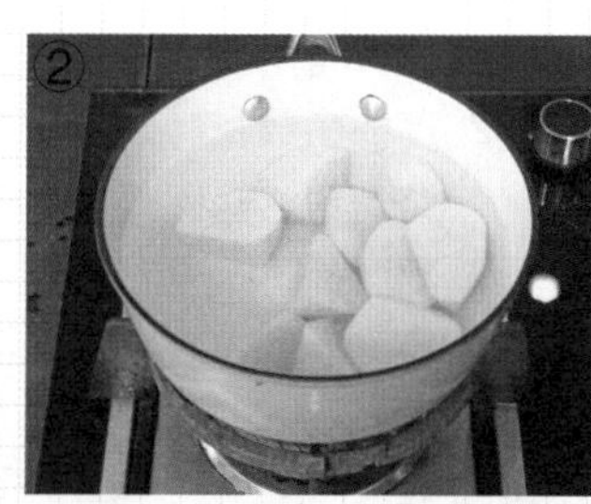

串烤藕片

烹饪时间
4 分钟

原料

莲藕 250 克

调料

盐、孜然粉、烧烤粉、辣椒粉各 2 克，食用油适量

可淋上适量老抽，能使莲藕外观更佳。

做法

1 将洗净去皮的莲藕切成片，用烧烤针将莲藕片穿成串，备用。
2 莲藕串放在烤架上，刷适量食用油，撒上适量盐、烧烤粉、辣椒粉、孜然粉。
3 翻面，同样撒上调料，用中火烤 1 分钟。
4 再翻面，在没有调料的地方撒上调料，烤 1 分钟。

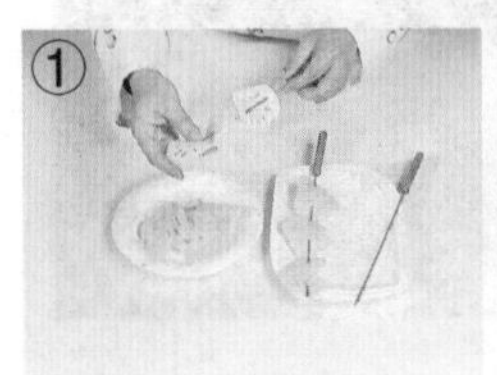

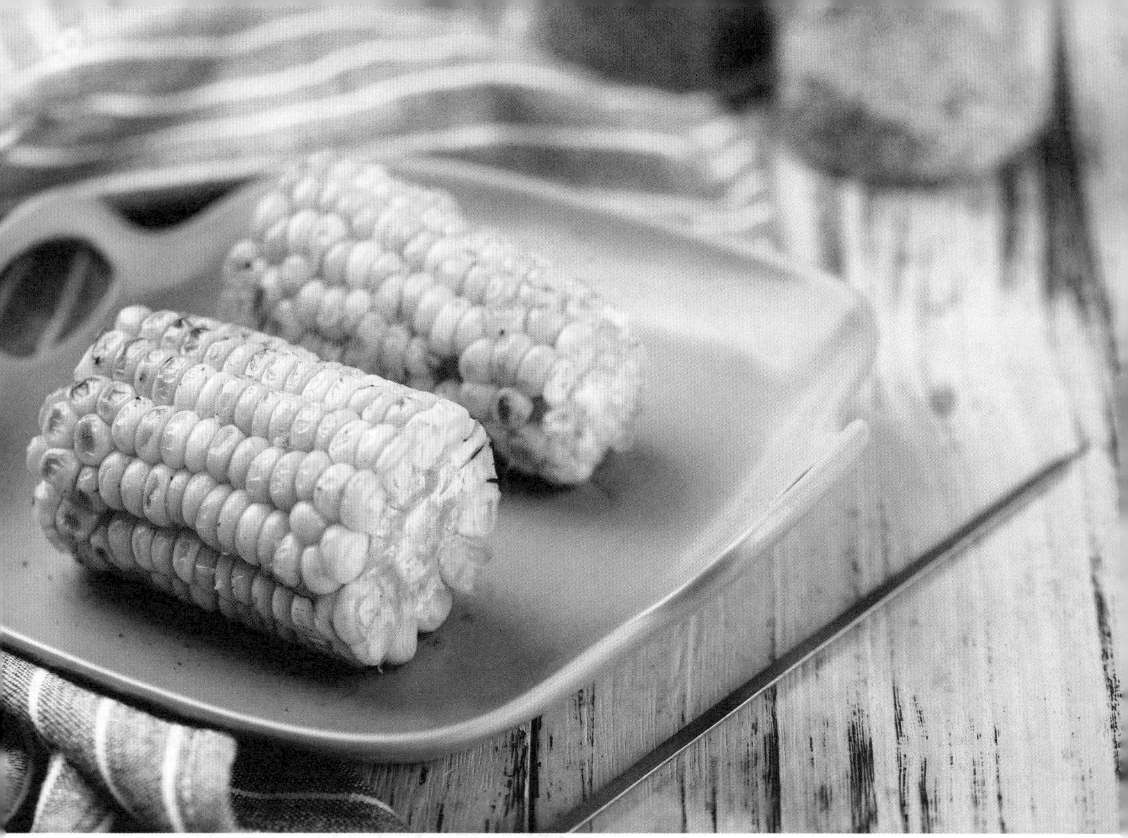

香烤黄油玉米

烹饪时间
5 分钟

原料

玉米 200 克，黄油、辣椒粉各少许

调料

盐少许

做法

1 玉米切成段，用烧烤签将其串起。
2 将玉米放在烤架上，摆放上黄油，慢慢烤制。
3 用刷子将溶化的黄油刷均匀。
4 烤至上色，撒上辣椒粉、盐后烤至入味即可。

喜欢甜的人还可刷上少许蜂蜜，会更鲜甜。

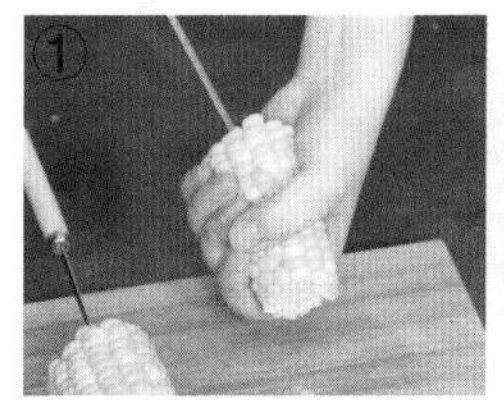

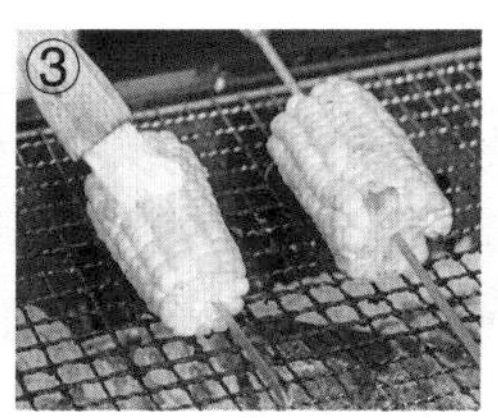

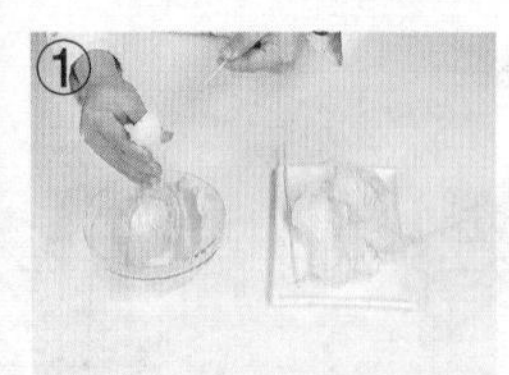

烤娃娃菜

烹饪时间
5 分钟

原料

娃娃菜 100 克

调料

烧烤粉、孜然粉各 5 克，盐 3 克，食用油适量

做法

1 将洗净的娃娃菜用竹签穿成串，备用。
2 在烧烤架上刷适量食用油，放上娃娃菜。
3 在两面刷上适量食用油，用中火烤 2 分钟。
4 将娃娃菜两面都撒上适量烧烤粉、盐、孜然粉，用中火烤 1 分钟至熟即可。

将娃娃菜焯一下水再烤，能保持其鲜味。

焗烤卷心菜

烹饪时间
5 分钟

原料

卷心菜 300 克，马苏里拉芝士 40 克

调料

盐、黑胡椒碎各适量

做法

1 洗净的卷心菜切成大块。
2 将卷心菜装入焗盘，均匀撒上盐，再撒上黑胡椒碎。
3 撒上马苏里拉芝士。
4 将焗盘放入预热好的烤箱内，上下火 180℃烤 5 分钟即可。

小贴士

这个做法也适用别的蔬菜，可根据自己的喜好变化。

奶汁烤大白菜

烹饪时间
20分钟

原料

大白菜帮250克，黄油30克，水发香菇40克，猪肉片40克，面粉30克，姜片、蒜末各5克，牛奶250毫升

调料

料酒5毫升，鸡粉、盐各3克，食用油适量

做法

1 洗净的大白菜帮斜刀切片；冬菇去柄，对半切开。

2 热锅注油烧热，倒入肉片炒至转色。

3 倒入姜片、蒜末，加入料酒，炒匀。

4 倒入冬菇、白菜，翻炒匀，注入适量的清水，加盐、鸡粉，炒匀， 盛入盘中待用。

5 热锅中倒入黄油、面粉，将面粉炒熟后注入牛奶，充分拌匀，制成汤汁浇在食材上。

6 将白菜放入预热好的烤箱内，上下火温度调至180℃，时间设置为15分钟即可。

冬菇用温水提前泡发，这样可以缩短烹饪时间。

黄油烤玉米笋

烹饪时间
5 分钟

原料

玉米笋 150 克

调料

盐 3 克，黄油 10 克，食用油适量

做法

1 将玉米笋均匀地摆放到烧烤架上，刷少许食用油，用中火烤约 2 分钟。
2 再次刷上少许食用油，将玉米笋翻面，把黄油放在玉米笋上。
3 待黄油溶化后均匀地抹在玉米笋上，撒上适量盐。
4 用中火烤约 2 分钟，翻转玉米笋，并抹上少许黄油即可。

将玉米笋用开水焯一下再烤，口感会更清香。

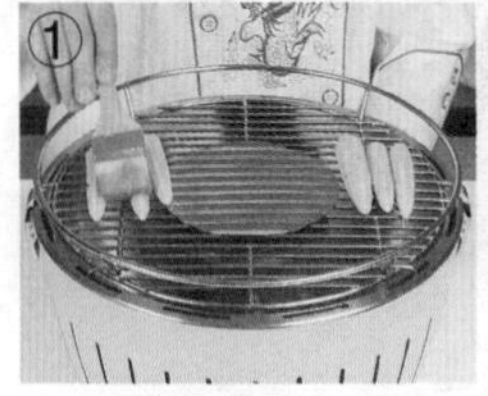

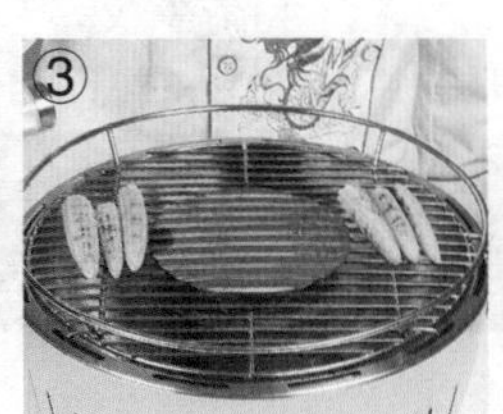

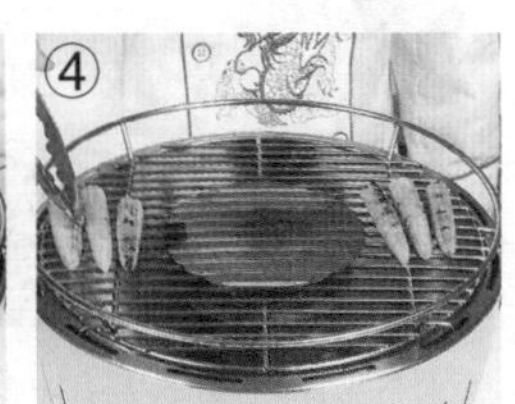

迷迭香烤大蒜

烹饪时间
30 分钟

原料

大蒜 20 克，迷迭香 5 克

调料

盐 3 克，食用油适量

做法

1 将处理好的大蒜放在铺有锡纸的烤盘上。
2 均匀地刷上食用油，撒上盐、迷迭香，待用。
3 备好烤箱，将大蒜放入。
4 关上门，温度调为 180℃，选择上下火加热，烤 30 分钟即可。

正处于服药期间的病人应避免进食大蒜。

炭烤茄片

烹饪时间
10 分钟

原料

茄子 200 克

调料

盐 2 克，烧烤粉 10 克，孜然粉 2 克，食用油各适量

撒入调料后一定要搅拌匀，使调料均匀地裹在茄子上。

做法

1 洗净的茄子切成 1.5 厘米厚的片，放入碗中。
2 将孜然粉、盐、烧烤粉边撒入边搅拌匀，倒入食用油，拌匀。
3 在烧烤架上刷适量食用油，放上拌好的茄片，用大火烤约 2 分钟。
4 茄片翻面，用大火烤约 2 分钟，在两面刷上食用油，再烤约 1 分钟至熟即可。

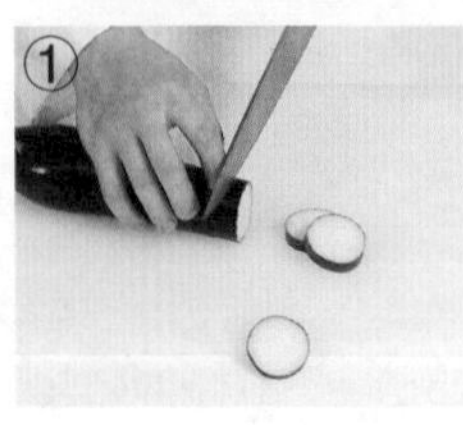

蜜汁烤玉米

烹饪时间
10 分钟

原料

玉米 2 根

调料

盐 3 克，蜂蜜 10 克，食用油适量

做法

1 在烧烤架上刷适量食用油。
2 将洗净的玉米放到烧烤架上。
3 刷上少许食用油，用中火烤 2 分钟至变色。
4 每隔 1 分钟翻转一次玉米，并刷上适量食用油、蜂蜜，至玉米熟透。
5 把烤好的玉米装入盘中。
6 再将烤好的玉米切成小段，装入盘中即可。

玉米因本身带有有甜味，所以刷酱时蜂蜜不要太多，以免太甜腻。

香辣烤豆腐干

烹饪时间
8 分钟

原料

豆腐干 250 克

调料

盐 3 克，孜然粉、辣椒粉各 10 克，烧烤汁 10 毫升，烧烤粉 5 克，食用油适量

做法

1 用竹签将洗净的豆腐干穿成串，备用。

2 将豆腐串放到烧烤架上，烤 3 分钟。

3 在豆腐串上撒入盐、孜然粉、烧烤粉。

4 刷上适量烧烤汁，烤 2 分钟至上色，将豆腐串翻面，撒上盐、烧烤粉。

5 刷上适量食用油，撒上少许烧烤粉，再刷上适量烧烤汁，烤 2 分钟至上色。

6 在豆腐串两面撒上适量辣椒粉，烤半分钟至熟。

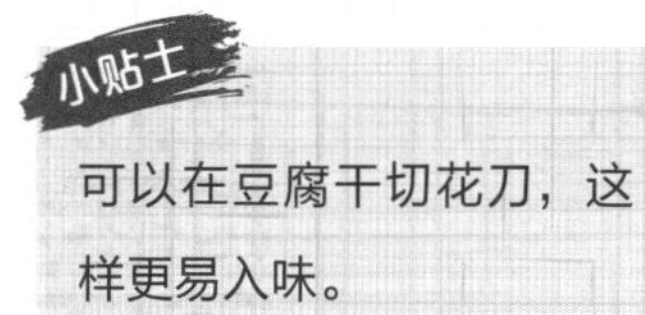

小贴士

可以在豆腐干切花刀，这样更易入味。

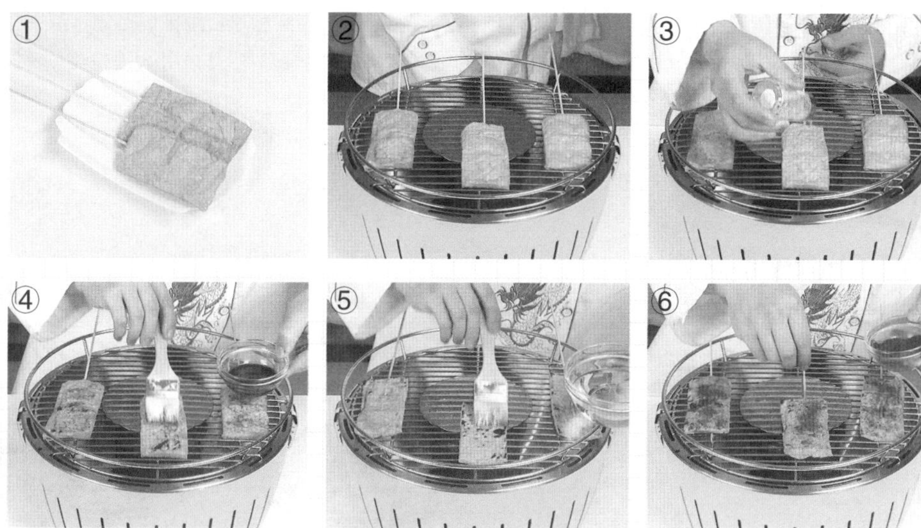

炭烤云南小瓜

烹饪时间
7分钟

原料

云南小瓜 550 克

调料

烧烤粉 8 克，盐 3 克，孜然粉、食用油各适量

小瓜含水量较高，不要烤制太久，以免影响口感。

做法

1 将洗净的云南小瓜切成片，装入碗中。

2 加入适量盐、烧烤粉、孜然粉、食用油，拌匀，备用。

3 将拌好的云南小瓜放到烧烤架上，用大火烤 2 分钟至上色。

4 翻面，刷上适量食用油，烤 3 分钟至熟即可。

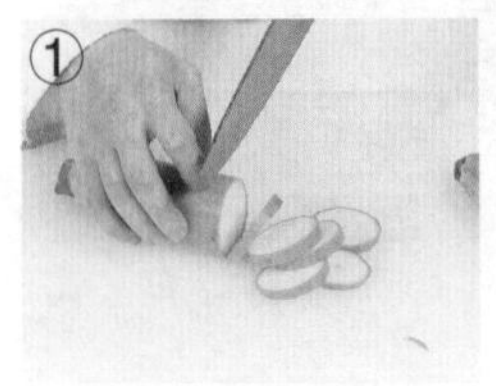

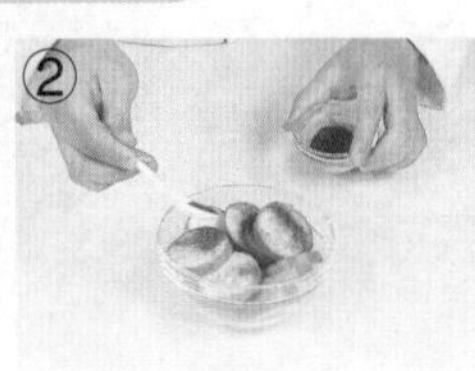

碳烤茄子沙拉

烹饪时间
10 分钟

原料

茄子 200 克，香草碎、蒜末、泰式辣椒酱各适量

做法

1 洗净的茄子在底部扎上刀口，放在烤架。
2 待底部变黑，翻动茄子，将整条茄子烤熟。
3 用刀切开，用勺子将茄肉刮下来装入碗中。
4 撒上香菜碎、蒜末，浇上泰式辣椒酱即可。

烤制茄子时要不时翻动，才能受热均匀。

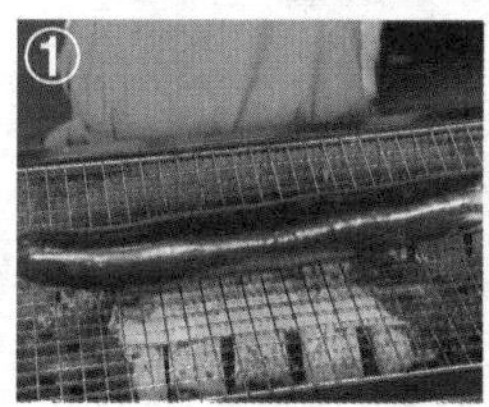

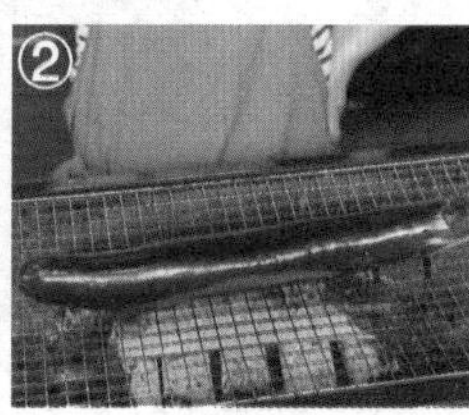

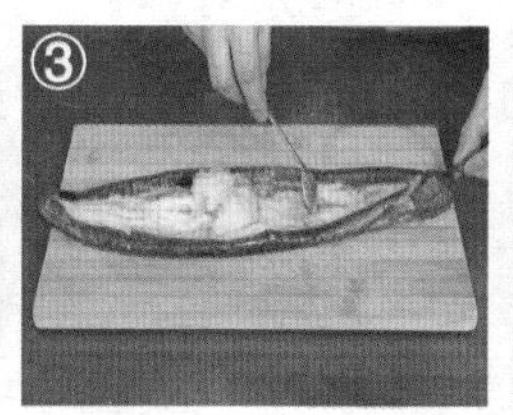

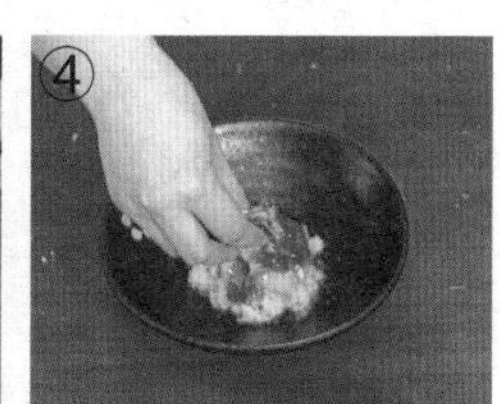

熏烤香葱

烹饪时间
5 分钟

原料

大葱 140 克

调料

食用油适量

做法

1 洗净处理好的大葱切成段。
2 用竹签将大葱段串起来。
3 刷上少许食用油，放在烤架上。
4 将两面烤到微焦至完全烤熟即可。

小贴士

葱烤时还可以撒点盐，能更好地提升葱的甜味。

蒜蓉茄子

烹饪时间
45 分钟

原料

茄子 2 个，蒜蓉 30 克，葱花少许

调料

盐、鸡粉各 3 克，孜然粉 4 克，食用油适量

小贴士

在烤茄子时，以茄子皮烤至起皱为宜。

做法

1 将茄子放在烧烤架上，用中火以旋转的方式烤 30 分钟至茄子熟软。

2 用小刀将茄子横刀划开，将柄部切开，但不切断。

3 在茄子肉上横划几刀，撒入盐、鸡粉，倒入蒜蓉，并铺平。

4 均匀地刷上食用油，用中火慢慢地烤 8 分钟，撒入盐、孜然粉，刷上食用油，烤 2 分钟，最后撒上葱花即可。

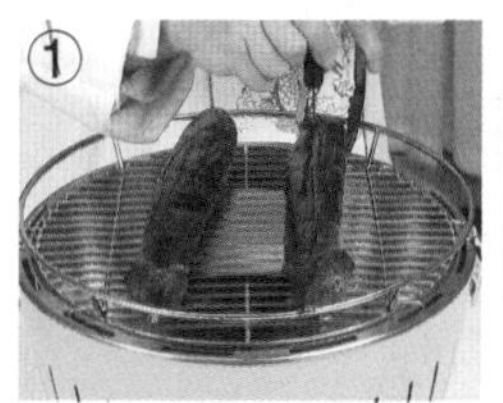

串烧双花

烹饪时间
8 分钟

原料

西蓝花 100 克，花菜 100 克

调料

烧烤粉、孜然粉各 5 克，辣椒粉 3 克，盐 2 克，食用油适量

做法

1 洗净的花菜、西蓝花切成小朵。
2 将西蓝花、花菜依次穿成串。
3 在烧烤架上刷食用油，将烤串放在烧烤架上，刷适量食用油，用中火烤 3 分钟至变色。
4 在烤串上撒盐、辣椒粉、烧烤粉、孜然粉，翻转烤串，烤 3 分钟至熟。

小贴士

西蓝花焯一下水再烤，能增加其色泽及口感。

锡纸黄油红薯

烹饪时间
40 分钟

原料

红薯 400 克，黄油适量

做法

1 洗净的红薯擦干，包入锡纸内。
2 将红薯放入预热好的烤箱内。
3 上下火 180℃烤制 40 分钟。
4 待时间到，将红薯取出，食用时涂抹上黄油即可。

小贴士

黄油还能调和些蜂蜜，用红薯蘸着吃，会更美味。

芝士焗烤土豆泥

烹饪时间
30 分钟

原料

土豆 300 克，马苏里拉芝士 100 克，胡萝卜丝 30 克，培根 20 克，综合香草少许

调料

盐、黑胡椒各适量

做法

1 洗净的土豆去皮切成片，放入蒸锅将其蒸熟。

2 培根切成粗条，倒入锅中，小火炒出香味。

3 蒸熟的土豆倒入碗中捣成泥，加入胡萝卜丝、培根条。

4 再加入少许盐、黑胡椒，充分拌匀。

5 将拌好的土豆泥装入焗盘内，抹平后撒上马苏里拉芝士、综合香草。

6 放入预热好的烤箱内，上下火 180℃烤 20 分钟即可。

土豆泥不要压太碎，带着些颗粒感会更美味。

芝士五彩南瓜盅

烹饪时间
8 分钟

原料

南瓜盅 1 个，酱豆干粒、胡萝卜粒、圆椒粒、彩椒粒、心里美萝卜粒各少许

调料

盐 3 克，鸡粉 2 克，芝士粉、黄油各适量

做法

1 炒锅置于火炉上，倒入适量黄油，放入酱豆干粒、胡萝卜粒、心里美萝卜粒、彩椒粒、圆椒粒、盐、鸡粉，炒至食材入味，装碗。

2 将炒好的食材倒入备好的南瓜盅内，撒入适量芝士粉，备用。

3 将南瓜盅放入烤盘，将烤箱温度调成上火 220℃、下火 220℃。

4 把烤盘放入烤箱中，烤 8 分钟至熟，从烤箱中取出烤盘即可。

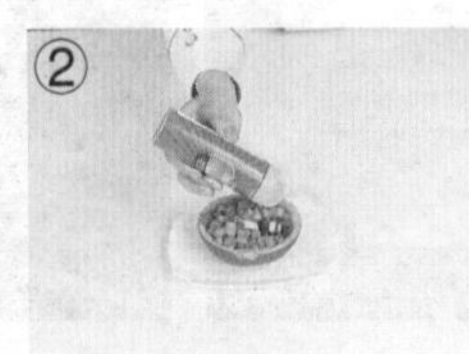

芝士焗烤蔬菜

烹饪时间
13 分钟

原料

胡萝卜 40 克，洋葱 50 克，彩椒 30 克，马苏里拉芝士 40 克

调料

盐、食用油、黑胡椒碎各适量

做法

1 胡萝卜、洋葱、彩椒切成小块。

2 热锅注油烧热，倒入切好的食材，翻炒均匀。

3 加入盐、黑胡椒，快速翻炒入味，将其盛出装入容器内，撒上芝士碎。

4 放入预热好的烤箱内，上下火以 180℃烤 10 分钟即可。

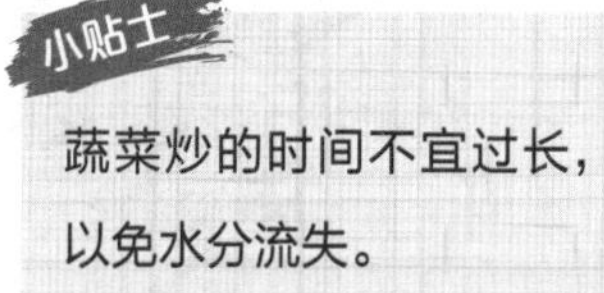

小贴士

蔬菜炒的时间不宜过长，以免水分流失。

蜜汁芝士紫薯

烹饪时间
18 分钟

原料

紫薯 250 克，奶油 10 克，蜂蜜 8 克，马苏里拉芝士 20 克

做法

1 洗净的紫薯横刀对切开，放入蒸锅中蒸熟。
2 将蒸熟的紫薯取出，放凉后挖出里面的肉。
3 紫薯瓤装入碗中，加入奶油、蜂蜜，搅拌匀后再填入紫薯皮内，撒上芝士碎。
4 将紫薯放入预热好的烤箱内，以上下火 190℃烤 10 分钟即可。

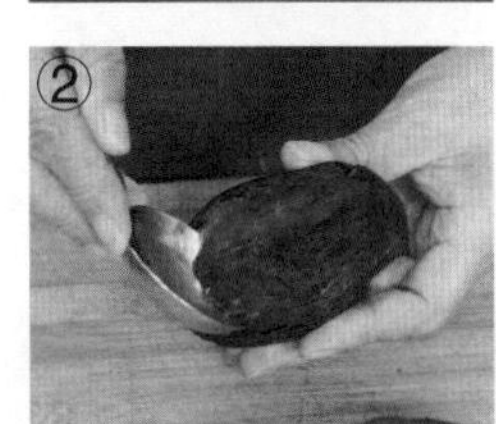

紫薯本身就很甜，所以蜂蜜不宜多加。

蒜香芝士焗口蘑

烹饪时间
15 分钟

原料

口蘑 100 克，蒜末、芝士末各适量

调料

橄榄油、盐各适量

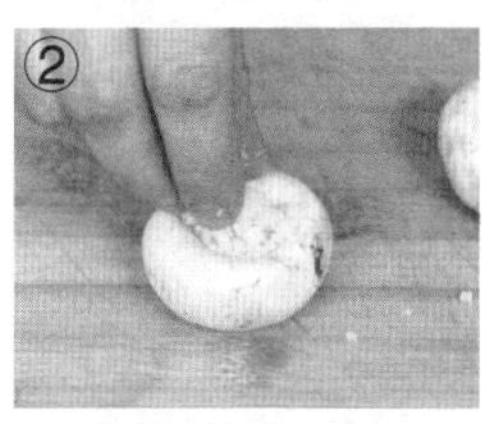

做法

1 洗净的口蘑去蒂。
2 放入蒜末。
3 再铺上芝士，撒上盐、橄榄油。
4 放入预热好的烤箱内，上下火 160℃烤制 15 分钟即可。

蒜末加盐腌渍后再加入会更美味。

芝士焗南瓜泥

烹饪时间
35 分钟

原料

南瓜 400 克，马苏里拉芝士碎 100 克，黄油 20 克，面粉 15 克，综合香草少许

调料

盐适量

做法

1 南瓜去皮切成片，放入蒸锅将其蒸熟。

2 黄油入锅加热，倒入面粉翻炒熟。

3 倒入熟南瓜，充分炒匀。

4 加入盐，炒至南瓜泥浓稠。

5 将南瓜泥装入碗中，撒上芝士碎、综合香草。

6 南瓜放入预热好的烤箱内，以上下火 190℃烤 20 分钟即可。

蒸好的南瓜泥含水量较多，炒干点再烹制会更美味。

孜然烤洋葱

烹饪时间
16 分钟

原料

洋葱 150 克

调料

孜然粉 10 克，烧烤粉 5 克，盐 2 克，烧烤汁 5 毫升，食用油 10 毫升

不要将洋葱的根全部切掉，以免洋葱在烤的时候散掉。

做法

1 将洗净去皮的洋葱对半切开，去除外面较老的部分，备用。

2 将洋葱切口朝下放到烧烤架上，用中火烤约 5 分钟至散出香味。

3 将洋葱翻面，刷上烧烤汁、食用油，撒入孜然粉、盐、烧烤粉，烤约 5 分钟，至其入味。

4 用烧烤夹将洋葱稍微转一下，烤 1 分钟把洋葱翻面，刷上烧烤汁，撒入盐、孜然粉、烧烤粉，烤约 2 分钟，再次将洋葱翻面，烤约 2 分钟至熟。

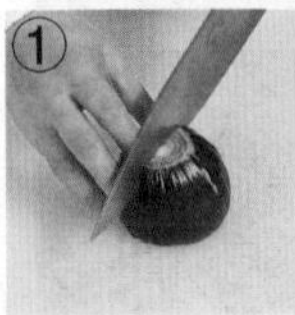

辣烤豆腐

烹饪时间
24 分钟

原料

嫩豆腐 300 克

调料

盐 2 克，辣椒粉 15 克，烧烤料 25 克，花椒粉少许，食用油适量

豆腐块也可切得小块一些，食用时更方便。

做法

1 将备好的嫩豆腐切厚片，改切方块。
2 豆腐块装在盘中，两面均匀地撒上盐、烧烤料、辣椒粉和花椒粉，待用。
3 烤盘中铺好锡纸，刷上底油，放入豆腐块。
4 放入预热好的烤箱中，调上下火温度为 200℃，烤约 20 分钟，至食材熟透即可。

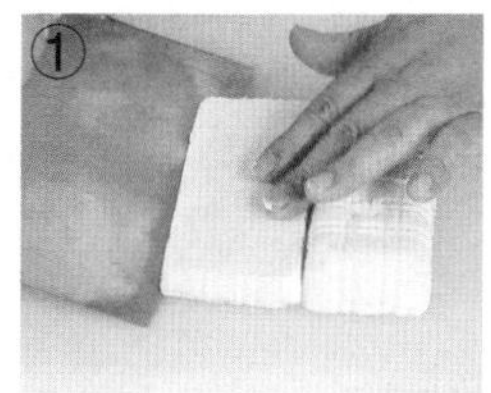

烤南瓜脆片

烹饪时间
40 分钟

原料

南瓜 200 克

做法

1 南瓜洗净去皮，再切成薄厚一致的片状。
2 南瓜片铺在烤盘上。
3 放入预热好的烤箱内，上下火 160℃烤制 40 分钟至水分蒸发成脆片即可。

要是喜欢咸味脆片的，可撒上少许盐烤制。

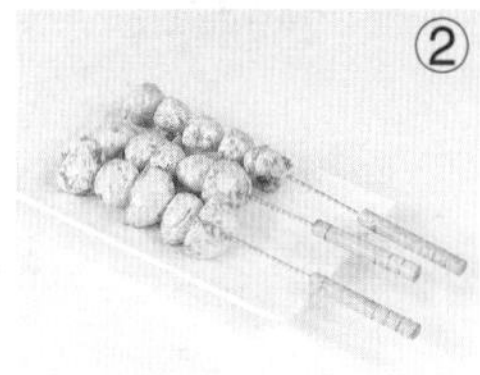

蒜香口蘑串

烹饪时间
15 分钟

原料

口蘑 200 克，蒜蓉 10 克

调料

盐、烧烤粉、辣椒粉、芝麻油、胡椒粉、孜然粉、食用油各适量

做法

1 口蘑切成块，装入小碗中，放入蒜蓉、盐、烧烤粉、辣椒粉、孜然粉、胡椒粉、芝麻油，搅拌均匀，腌渍 20 分钟至其入味。

2 将腌渍好的口蘑依次穿到烧烤针上。

3 把口蘑放到烤架上，烤约 5 分钟，烤出香味。

4 在口蘑上刷少许食用油，再烤约 5 分钟至熟即可，将烤好的口蘑装盘即可。

口蘑不吸油，烤的时候可以多刷点油。

烤土豆条

烹饪时间
10分钟

原料

去皮土豆180克，干辣椒10克，葱段、花椒各少许

调料

盐、鸡粉各1克，孜然粉5克，生抽5毫升，食用油适量

做法

1 洗好的土豆切片，切成条。

2 用油起锅，倒入花椒、干辣椒、葱段，爆香。

3 倒入切好的土豆，翻炒均匀。

4 加入生抽、盐、鸡粉、孜然粉，注入少许清水。

5 炒约2分钟至入味，再装入烤盘中，待用。

6 放入烤盘，将上下火调至200℃，烤5分钟至土豆条熟透即可。

炒完的土豆可用厨房纸吸走多余油分，减少油腻感。

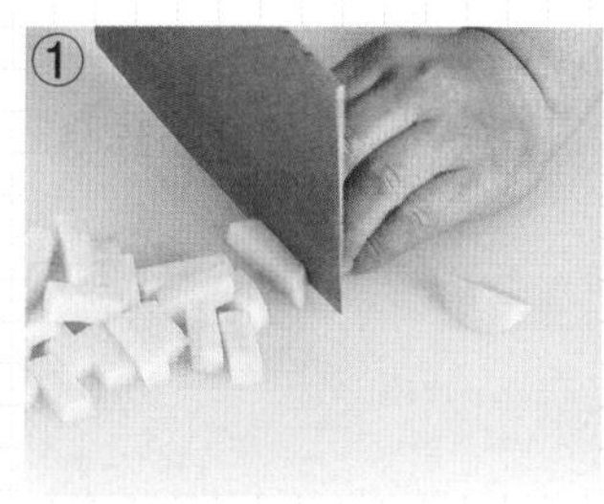

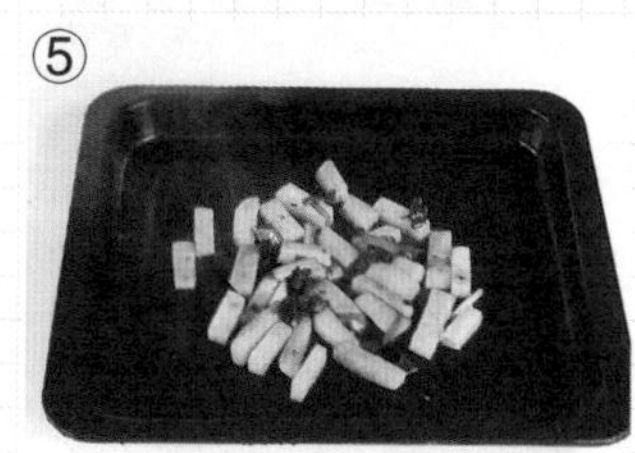

黄油芦笋

烹饪时间
10 分钟

原料

芦笋 150 克，黄油适量

调料

盐、黑胡椒各适量

做法

1 洗净的芦笋修去老根。
2 将芦笋排放在锡纸盒内，摆放上黄油。
3 再撒上盐、黑胡椒。
4 锡纸盒放在烤架上，将芦笋烤至熟透即可。

小贴士

也可使用含盐黄油或香草黄油，这样就无需调味了。

香烤兰花豆干

烹饪时间
6分钟

原料

兰花豆干2块

调料

盐2克，孜然粉、烧烤粉各5克，食用油适量

小贴士

捞出豆腐干后可擦干表面的水，以缩短烧烤的时间。

做法

1 将兰花豆干放入35℃的水中，浸泡30分钟，用竹签将泡好的兰花豆干穿成串，待用。

2 在烧烤架上刷适量食用油，把兰花豆干放在烧烤架上，用小火烤2分钟。

3 翻面，用小火再烤3分钟至变色。

4 在兰花豆干两面撒上烧烤粉、孜然粉、盐，不断翻转，烤1分钟至熟即可。

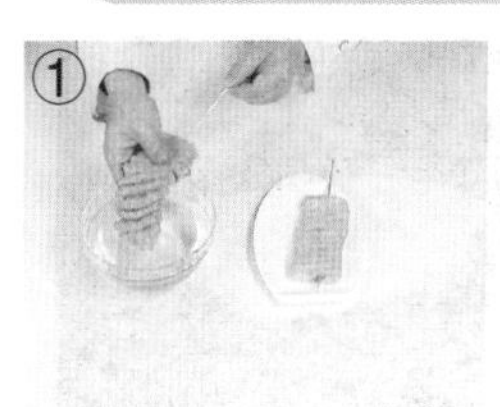

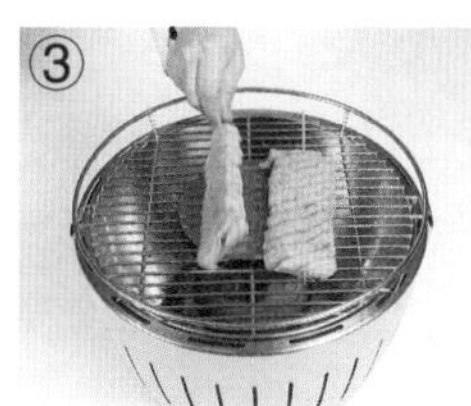

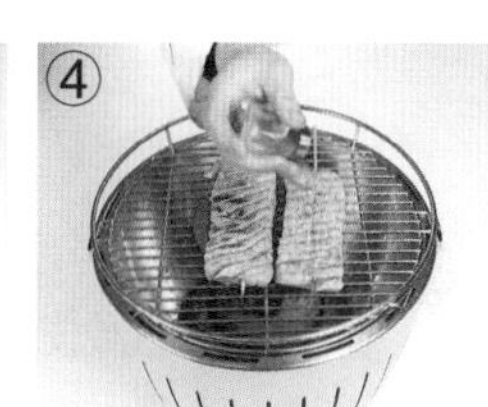

橄榄油蒜香口蘑

烹饪时间
10分钟

原料

口蘑100克，蒜末适量

调料

盐少许，橄榄油适量

做法

1 洗净的口蘑摆入焗盘中。
2 撒上备好的蒜末、盐。
3 浇上橄榄油至淹没食材。
4 放入预热好的烤箱内，上下火170℃烤制10分钟即可。

烤制剩下的橄榄油可以用来炒饭，非常美味。

茄汁烤茄子

烹饪时间 25 分钟

原料

茄子 100 克，罗勒 3 克，蒜末 15 克

调料

生抽 5 毫升，黑胡椒 2 克，盐、橄榄油、食用油各适量，番茄酱 20 克

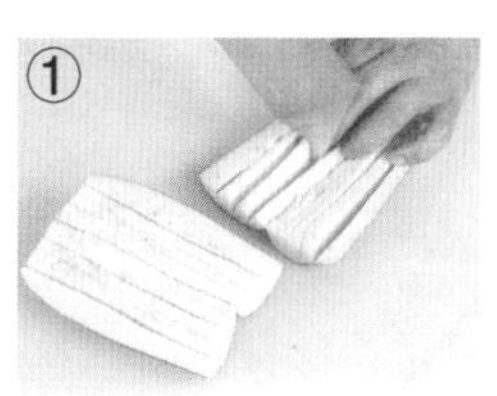

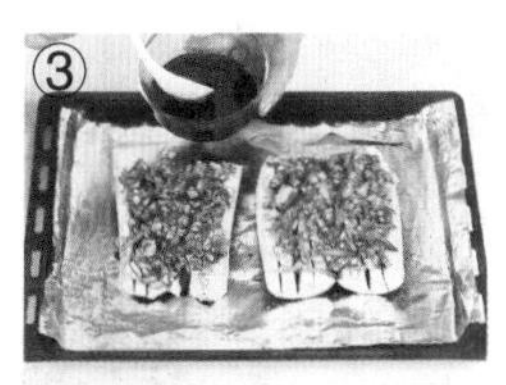

做法

1 将茄子对切，划上网格花刀。

2 取小碗，依次放入、蒜末、罗勒、番茄酱，再加入盐、橄榄油、黑胡椒粉，搅拌匀制成酱料。

3 烤盘铺上锡纸，刷上油，放入茄子，倒入酱料，淋上生抽。

4 放入预热好的烤箱内，上下温度调为 220℃，定时烤 25 分钟即可。

切好的茄子可撒上少许盐，以免氧化变色。

白酱烤娃娃菜

烹饪时间
70 分钟

原料

黄油 15 克，芝士片 80 克，娃娃菜 200 克，黄油 20 克，低筋面粉 8 克，牛奶 350 毫升，高汤适量

调料

盐 3 克，白酱适量

做法

1 娃娃菜切开，放入烧开的高汤内，小火煮 30 分钟至半透明。

2 黄油倒入锅中烧化，倒入面粉，将其烧熟。

3 倒入备好的牛奶，充分拌匀后小火煮开。

4 加入芝士片，搅拌至芝士充分溶化，加入盐调味。

5 将娃娃菜装入焗盘，浇上白酱。

6 再放入预热好的烤箱内，上下火以 170℃焗烤 30 分钟即可。

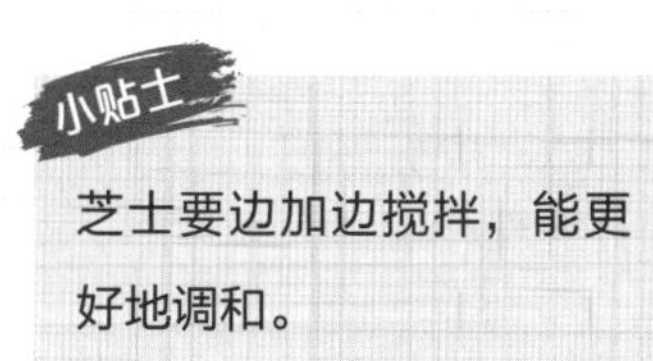

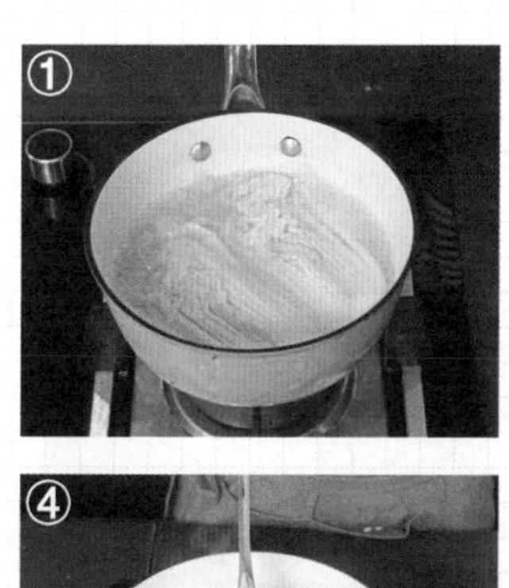

双味风琴土豆

烹饪时间 20分钟

原料

土豆200克，培根30克，马苏里拉芝士50克，葱花少许

调料

盐适量

做法

1 芝士切成片；培根切成粒；土豆切片，但不切断。
2 将芝士片逐一插入土豆片的夹缝中。
3 土豆放入烤盘内，撒上培根粒、盐。
4 放入预热好的烤箱内，上下火180℃烤制20分钟，取出后撒上葱花即可。

小贴士

切土豆时可以两边各放支筷子，能更好掌握力度。

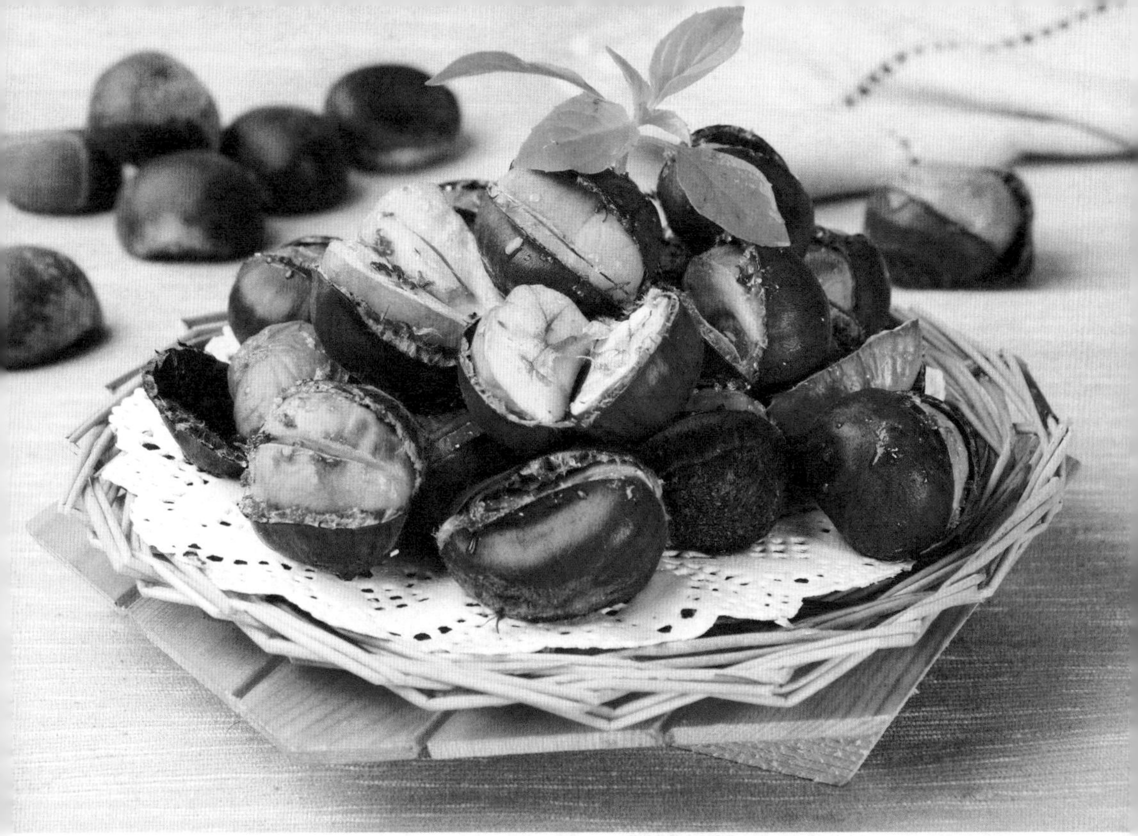

烤箱版桂花糖板栗

烹饪时间
32 分钟

原料

板栗 240 克，糖桂花 40 克

调料

白糖 20 克，食用油适量

给板栗刷油时要刷抹均匀，烤出来的板栗才油光锃亮。

做法

1 用刀在洗净的板栗上斩开一道口子装入烤盘，刷上食用油，待用。

2 白糖装碗，倒入少许温水，放入糖桂花，搅匀至溶化，制成糖浆，待用。

3 将烤盘放入烤箱中，将上下火温度调至 200℃，烤 25 分钟至七八成熟。

4 取出烤盘，将板栗均匀刷上糖浆，再将烤盘放入烤箱中，续烤 5 分钟至熟透入味即可。

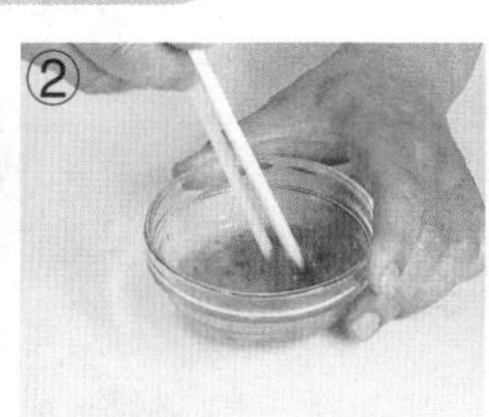

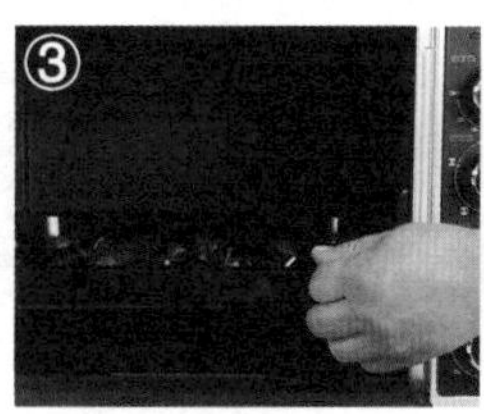

芝士焗烤土豆片

烹饪时间
35 分钟

原料

土豆片 750 克，蓝纹芝士 100 克，芝士粉 50 克，低筋面粉 50 克，牛奶 625 毫升，奶油 2 小匙，百里香 1 小匙

调料

盐、胡椒粉、橄榄油各适量

做法

1 奶油放入锅中，加入面粉拌匀，加入百里香。

2 牛奶缓慢加入锅中，搅拌均匀，加入蓝纹芝士。

3 煮至芝士溶化后，加入盐和胡椒粉，调成芝士酱，熄火备用。

4 烤箱预热；玻璃盒涂上薄薄的橄榄油，将土豆片铺满底部，再涂上芝士酱。

5 依次铺上土豆片、芝士酱，直至九分满，最后一层为土豆片，洒满芝士粉。

6 放入烤箱中烤 30 分钟至土豆片熟后，即可食用。

蓝纹芝士味道较重，不喜欢的人可以换成普通芝士。

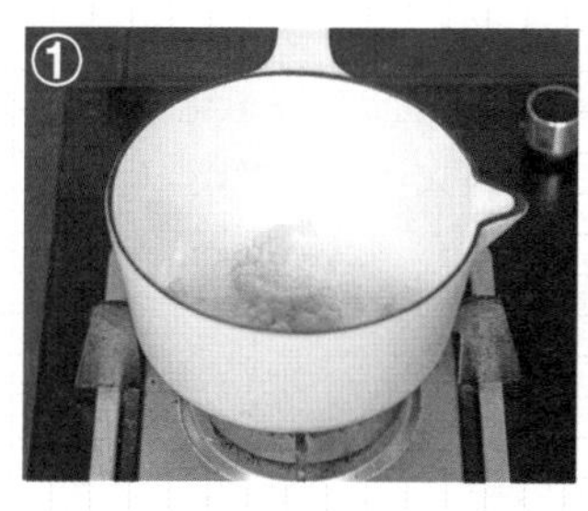

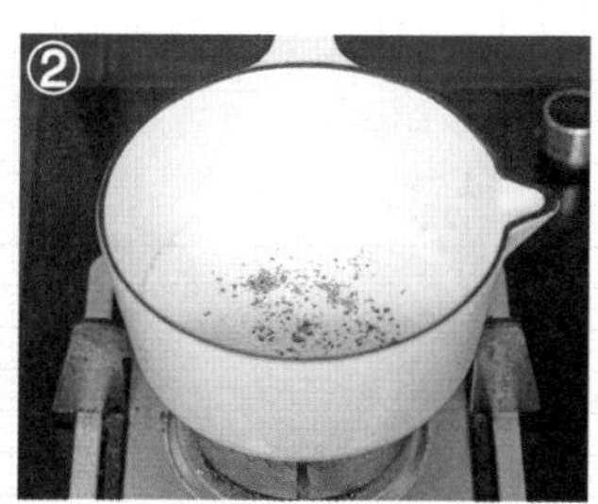

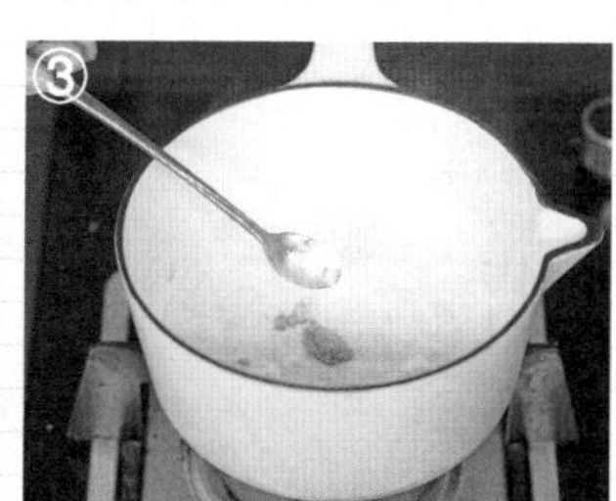

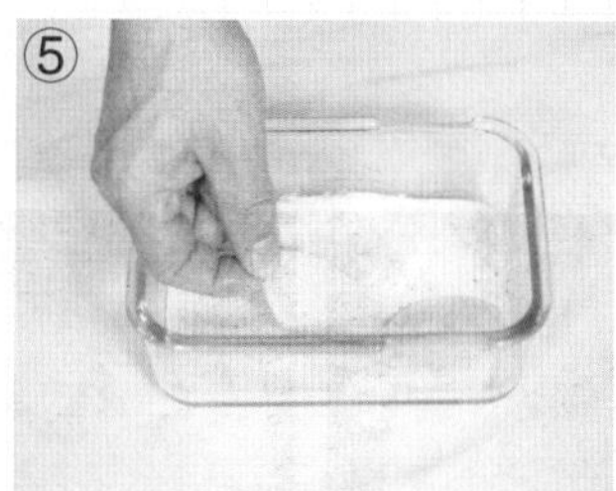

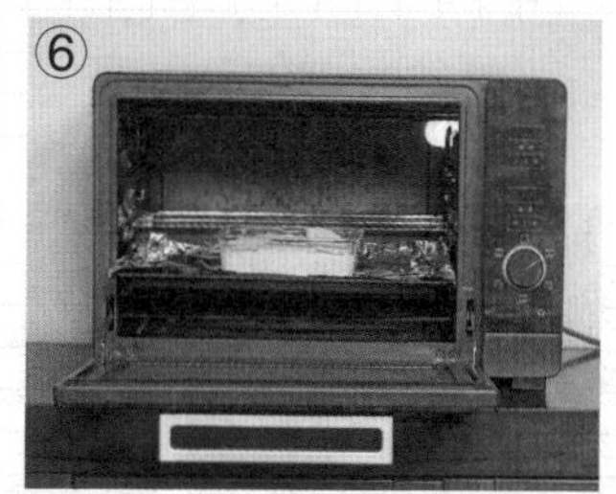

芝士西红柿盅

烹饪时间
10 分钟

原料

西红柿 300 克，鸡蛋 60 克，芝士片 2 片，葱花少许

调料

盐少许

做法

1 西红柿横切去上面的三分之一，将里面的瓤挖去。
2 将鸡蛋打入西红柿内，撒上少许盐。
3 盖上芝士片，再放入容器中，撒上少许葱花。
4 放入预热好的烤箱内，上下火 180℃烤制 10 分钟即可。

西红柿表面可刷上黄油，烤完会更美味。

海鲜酱烤茭白

烹饪时间
20 分钟

原料

茭白 200 克

调料

海鲜酱、食用油各适量

做法

1 茭白处理干净，切成瓣。
2 用竹签逐一将其串起。
3 放在烤架上，均匀地刷上食用油。
4 待变色后刷上海鲜酱，续烤至熟透即可。

茭白不宜烤制太干，不然影响口感。

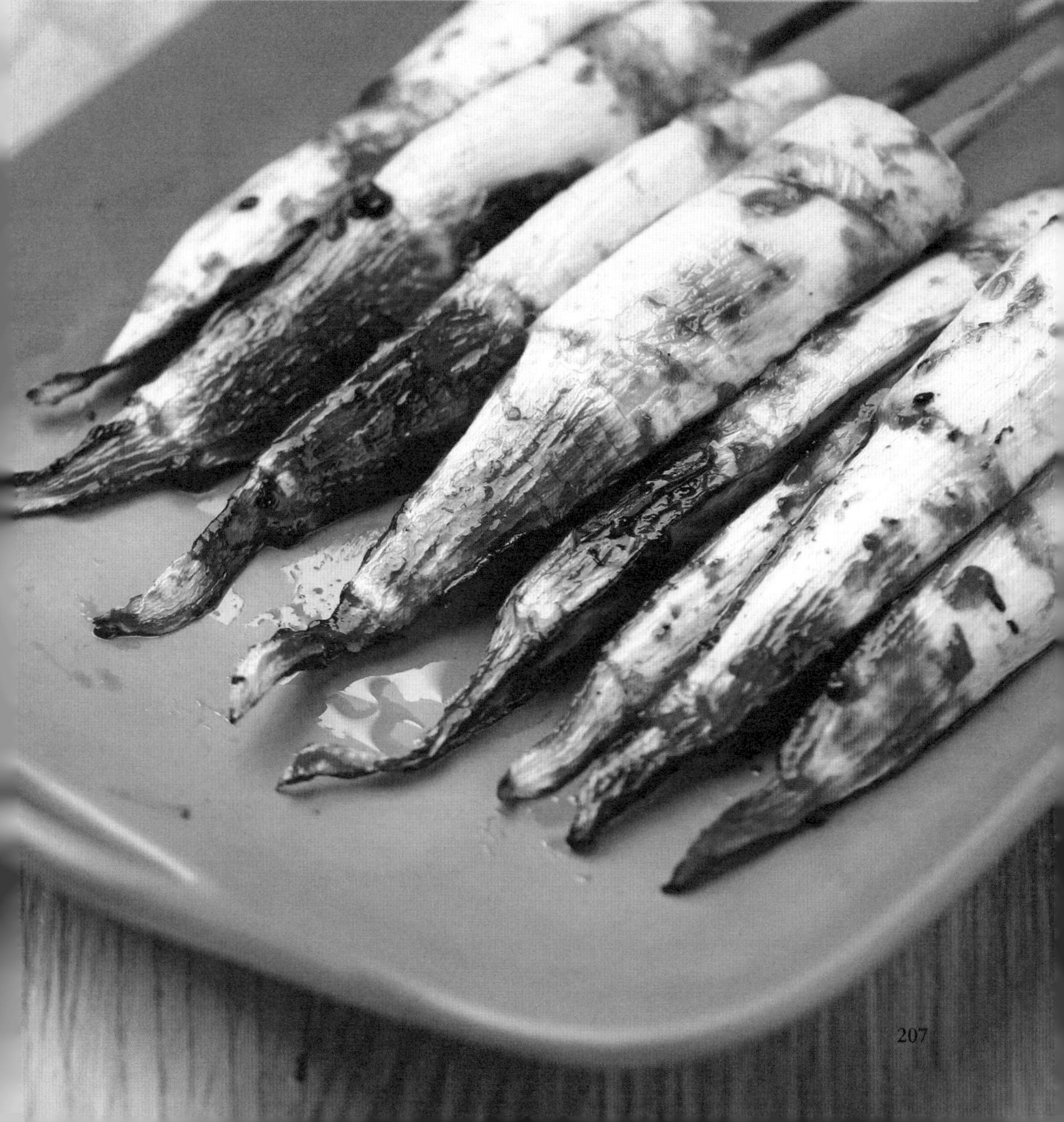

芝士焗西蓝花

烹饪时间
20 分钟

原料

西蓝花 300 克，蒜末 10 克，马苏里拉芝士 100 克，淡奶油 60 克

调料

盐、黑胡椒、食用油各适量

做法

1 锅中注水烧开，加入盐、食用油，倒入切成小朵的西蓝花，汆水片刻捞出。

2 热锅注油烧热，倒入蒜末爆香，倒入西蓝花，翻炒片刻。

3 加入盐、黑胡椒，翻炒入味后加入淡奶油，略煮。

4 炒好的西蓝花倒入容器内，撒上芝士碎。

5 将西蓝花放入预热好的烤箱内，以上下火 180℃烤制 10 分钟即可。

西蓝花不宜煮得过熟，以免影响口感。

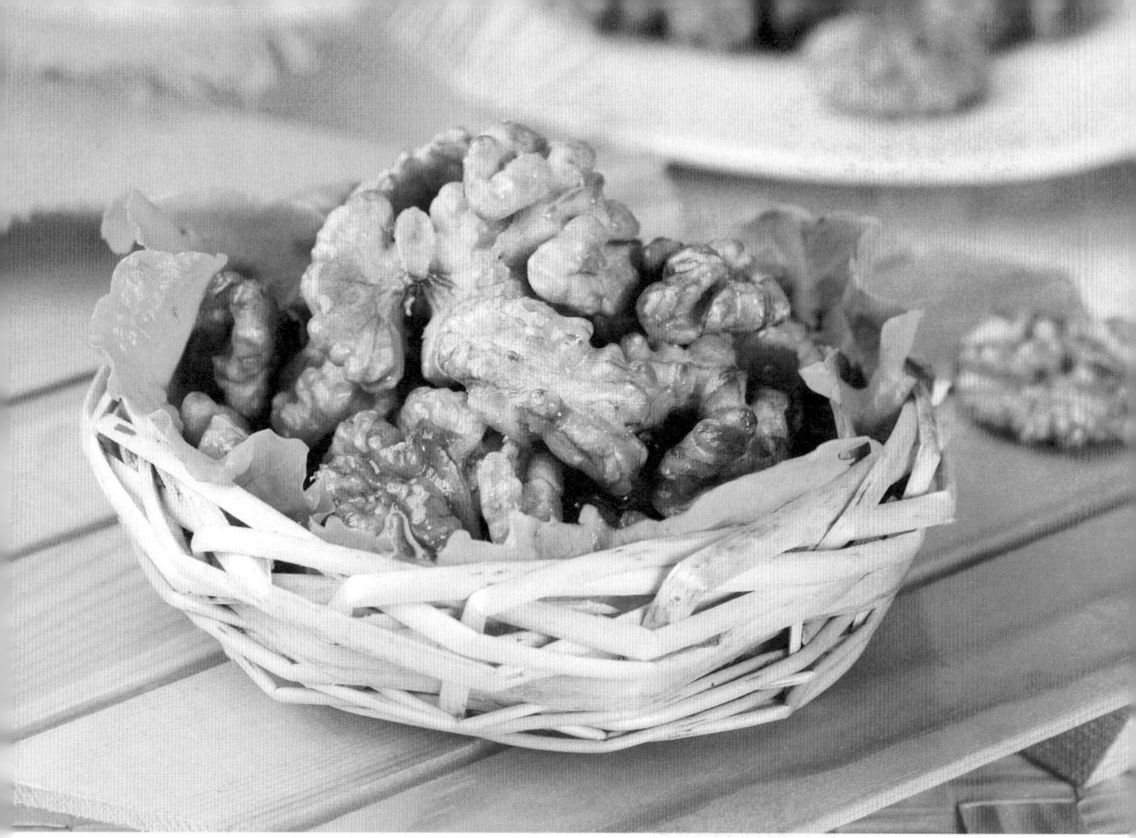

烤蜜汁核桃

烹饪时间
10 分钟

原料

核桃仁 200 克，蜂蜜 20 克

做法

1 将洗净的核桃仁装在碗中，淋入蜂蜜，拌匀。
2 转入烤盘中，铺开、摊匀。
3 推入预热的烤箱中。
4 上下火温度调为 180℃，烤约 10 分钟取出烤盘即可。

核桃仁要沥干水分再抹蜂蜜，烤后口感才焦脆。

烤彩椒沙拉

烹饪时间
12 分钟

原料

彩椒 300 克，生菜 120 克，烤芝麻酱适量

做法

1 洗净的彩椒放在烤架上。

2 大火将彩椒皮烤至焦黑。

3 烤好的彩椒泡入冰水中浸泡片刻。

4 撕去外面的椒皮，洗净。

5 将处理好的彩椒切蒂，去籽后切成丝。

6 生菜切成丝，与彩椒一起摆入盘中，浇上烤芝麻酱即可。

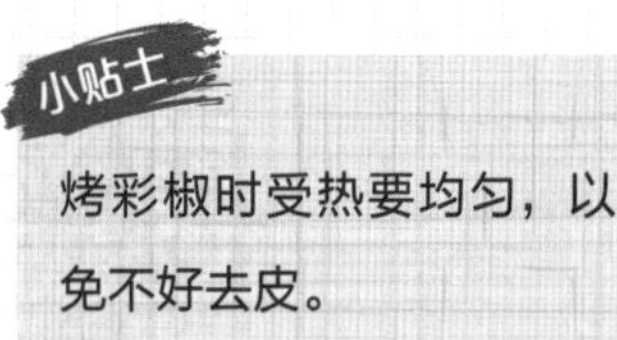

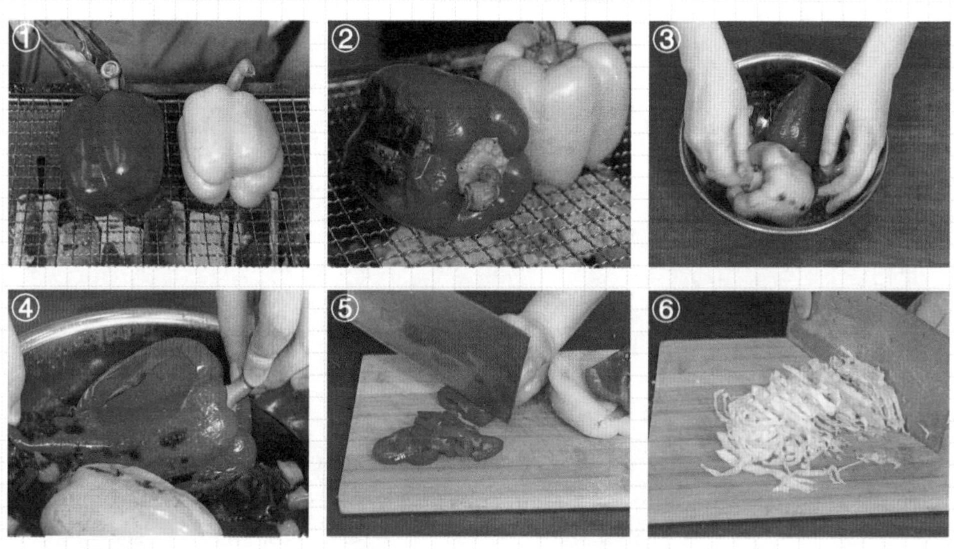

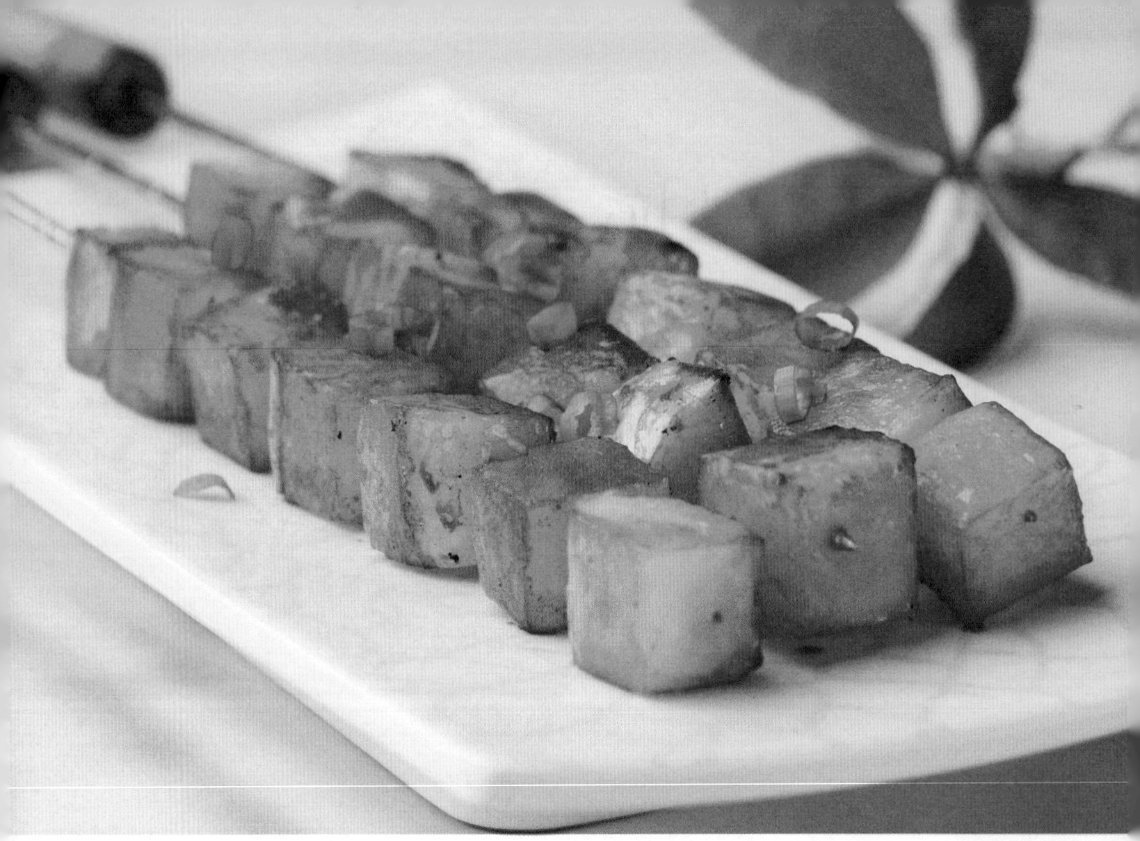

烤白萝卜串

烹饪时间
4分钟

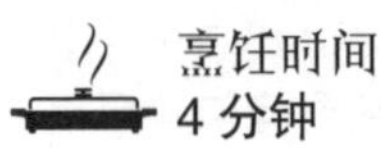

原料

白萝卜 300 克

调料

烧烤汁 5 毫升，盐少许，食用油适量

烤白萝卜时可多刷几次烧烤汁，以便使白萝卜入味。

做法

1 将洗净的白萝卜切成小方块，用烧烤针其穿成串。

2 把白萝卜串放在烧烤架上。

3 刷上适量食用油，用中火烤 1 分钟至上色，均匀地撒上适量盐，略烤一会儿至入味。

4 翻转白萝卜串，并刷上适量烧烤汁，用中火烤 1 分钟至熟即可。

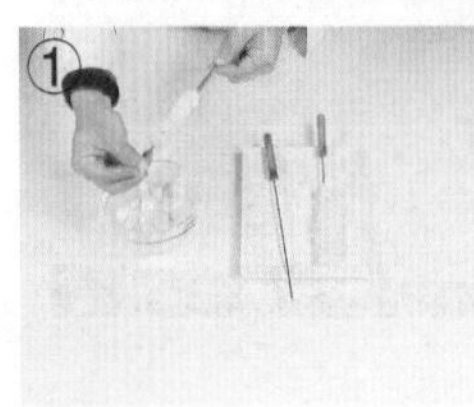

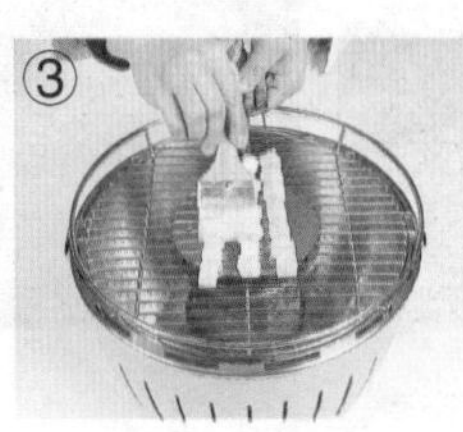

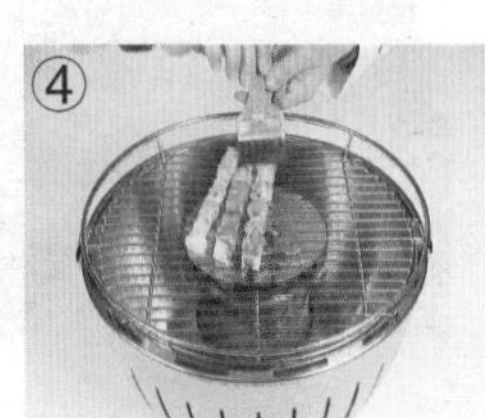

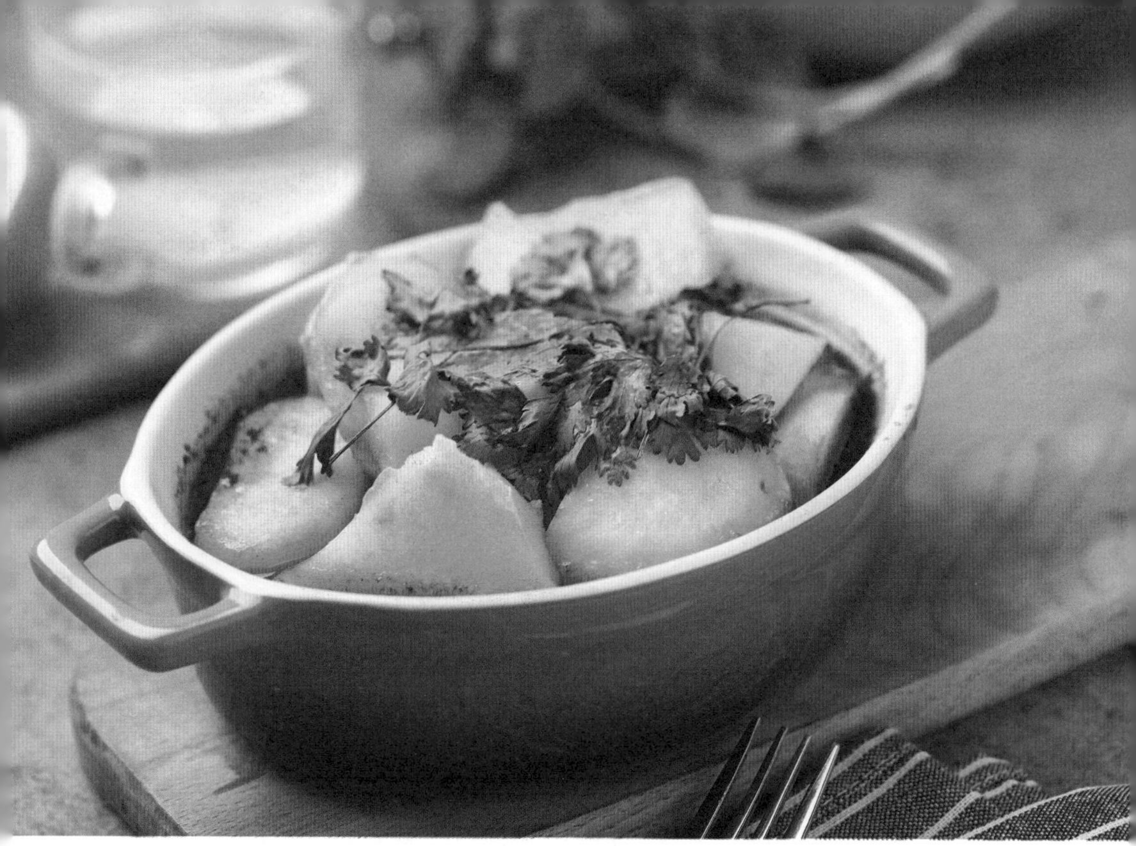

和风烤土豆

烹饪时间
50 分钟

原料

土豆 250 克，香菜、蒲烧汁各适量

做法

1 蒲烧汁倒入锅中，大火煮至剩一半。
2 土豆去皮切成大块，放入烧开的沸水中，加入盐，煮 10 分钟。
3 将煮好的土豆捞出，装入碗中，摆放上香菜，倒入蒲烧汁。
4 放入预热好的烤箱内，上下火 180℃烤制 40 分钟即可。

小贴士

要是蒲烧汁本身较咸，可不用煮得那么浓。

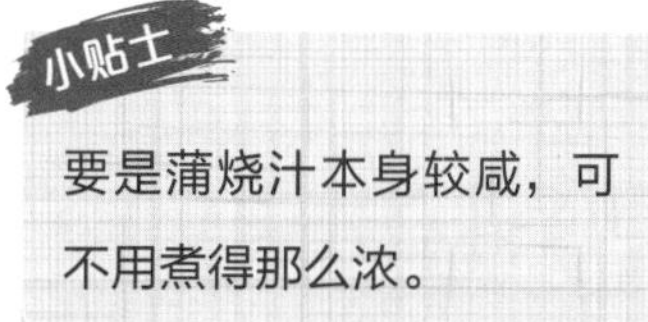

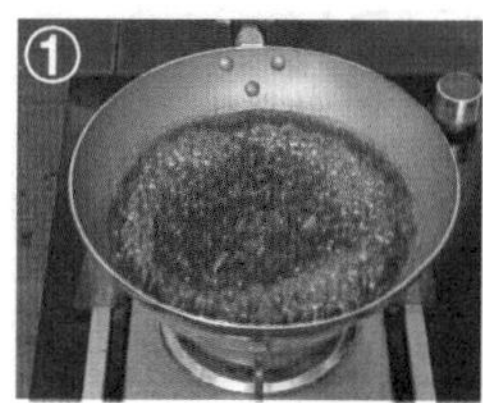

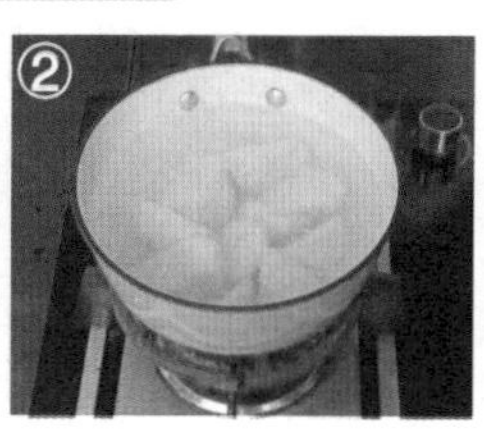

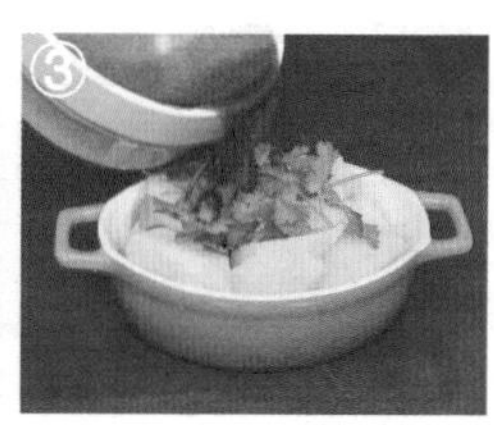

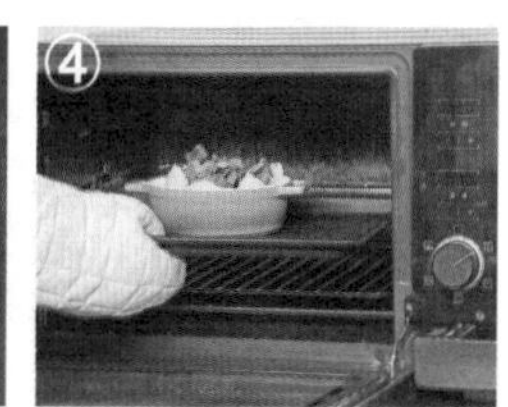

烤蔬菜沙拉

烹饪时间
8 分钟

原料

红黄彩椒 100 克，茄子 120 克，西葫芦 100 克，洋葱 40 克，综合香草适量

调料

盐、橄榄油各适量

也可使用香草油，会更添风味。

做法

1 洋葱、红黄彩椒均切成小块，西葫芦、茄子切成片。
2 将切好的食材铺在烤盘上。
3 撒上盐、香草，淋上橄榄油。
4 放入预热好的烤箱，上下火 160℃烤制 8 分钟即可。

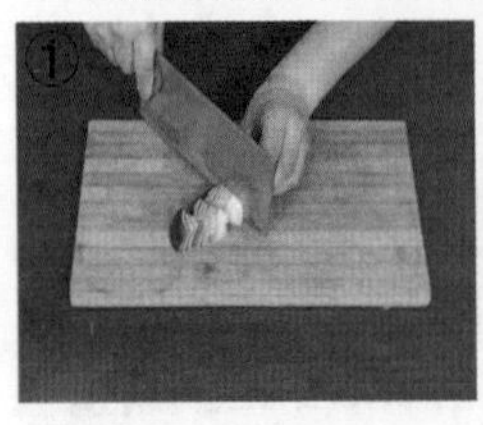

油浸香烤胡萝卜

烹饪时间
40 分钟

原料

胡萝卜 180 克，蒜末、综合香草各适量

调料

盐、橄榄油各适量

做法

1 洗净的胡萝卜去皮，切成长条。
2 胡萝卜条装入容器内，撒上盐、综合香草、蒜末。
3 倒入橄榄油至浸没食材。
4 放入预热好的烤箱内，上下火 150℃烤制 40 分钟即可。

小贴士

胡萝卜最好切得粗细均匀，会更好受热。

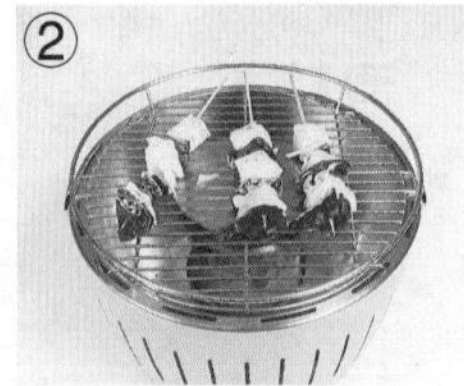

烤双色甘蓝

烹饪时间
5 分钟

原料

紫甘蓝 100 克，卷心菜 200 克

调料

盐 2 克，烧烤粉、辣椒粉各 5 克，食用油适量

做法

1 将洗净的卷心菜切成 2 厘米小块，洗净的紫甘蓝切成 2 厘米的小块，备用。

2 用竹签将切好的卷心菜与紫甘蓝依次穿成串，备用。

3 在烧烤架上刷适量食用油，把穿好的食材放在烧烤架上。

4 均匀地刷上适量食用油，用中火烤 1 分钟至变色，翻转烤串，撒上盐、烧烤粉、辣椒粉，翻面，用中火烤至熟即可。

卷心菜不宜加热过久，以免破坏营养成分。

烤芋头

烹饪时间
20 分钟

原料

芋头 200 克

做法

1 芋头清洗干净，用锡纸将其完全包住。
2 将芋头放在烤架上。
3 不时翻动直至烤熟即可。

若喜欢吃甜的，可以将烤熟的芋头沾糖吃。

蜜汁烤菠萝

烹饪时间
13 分钟

原料

菠萝 500 克

调料

蜂蜜 20 克，食用油少许

做法

1 洗净去皮的菠萝切成薄片，备用。

2 在烧烤架上刷适量食用油，将切好的菠萝片放到烧烤架上，用中火烤约 5 分钟至上色。

3 在菠萝表面均匀地刷上适量蜂蜜。

4 将菠萝片翻面，再刷上适量蜂蜜，用中火烤约 5 分钟至上色；再将菠萝片翻面，刷上适量蜂蜜，烤约 1 分钟即可。

菠萝有甜味，因此蜂蜜不要刷太多，以免甜腻。

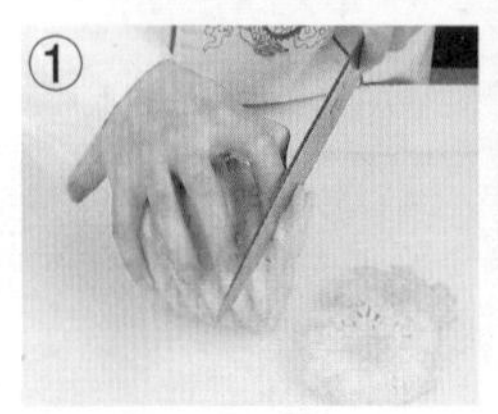

蜜汁烤木瓜

烹饪时间
10 分钟

原料

木瓜 1 个

调料

蜂蜜、食用油各适量

做法

1 洗净的木瓜切去尾部，切成块，用竹签穿成串，备用。

2 在烧烤架上刷上适量食用油，把木瓜串放在烧烤架上，用小火烤 4 分钟。

3 在木瓜串两面都刷上适量食用油，用小火烤 4 分钟至变色。

4 在木瓜两面刷上适量蜂蜜，小火烤 1 分钟至熟即可。

小贴士

木瓜块不宜切得太薄，否则水分易烤干，影响口感。

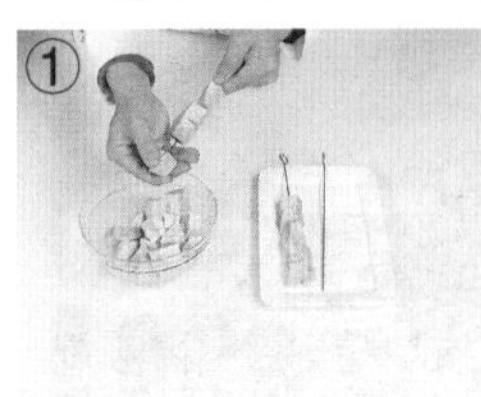

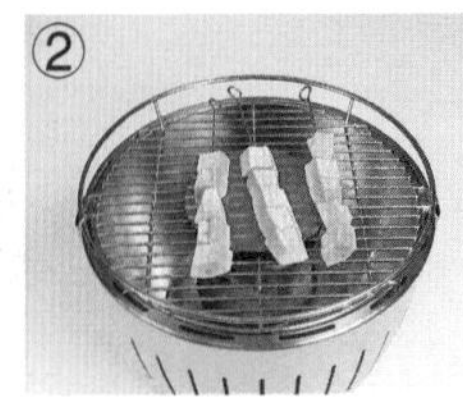

蜜烤香蕉

香蕉 200 克，蜂蜜 30 克，柠檬 80 克

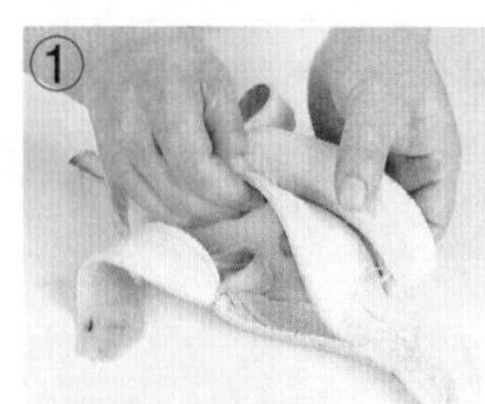

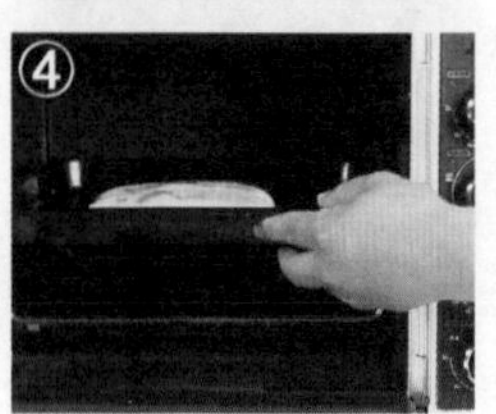

做法

1 香蕉去皮，洗好的柠檬对半切开。

2 用油起锅，放入香蕉，煎约 1 分钟至两面微黄，放入烤盘中待用。

3 将香蕉全身刷上蜂蜜，挤上柠檬汁。

4 关好箱门，将上下火温度调至 180℃，烤 10 分钟至香蕉熟透即可。

煎的时候注意火候，不宜过大，以免煎焦。

烤甘蔗

烹饪时间
20 分钟

原料

甘蔗 180 克

①

②

③

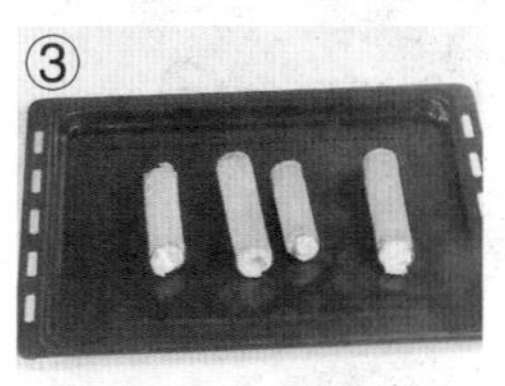

④

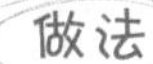

1 备好电烤箱，将甘蔗摆放在烤箱上。
2 关上箱门，将上下管温调至 180℃，时间设置为 20 分钟，开始烤制食材。
3 打开箱门，将烤盘取出。
4 将烤好的甘蔗取出，摆放在盘中即可。

甘蔗可以直接去皮后再烤制，方便食用。

香酥烤梨

烹饪时间
25 分钟

原料

梨 60 克，香菜粒 10 克，红糖 20 克，肉桂粉 2 克，黄油 30 克，白糖 10 克，杏仁粉 30 克，面粉 30 克，冰淇淋 100 克

做法

1 洗净的梨对半切开，去核，切成片。

2 备好的碗中放入适量黄油，加白糖、杏仁粉、面粉，拌成奶酥粒。

3 热锅放入黄油、红糖、肉桂粉、香草粒、梨，炒香。

4 将炒好的梨放在铺有锡纸的烤盘上，放上奶酥粒，待用。

5 将烤盘放入烤箱，关上门，温度调为 180℃，选择上下火加热，烤 25 分钟。

6 取出烤盘，将烤好的梨装入盘中，放上冰淇淋即可。

小贴士

加入少许白糖，可增加成品的甜爽口味。

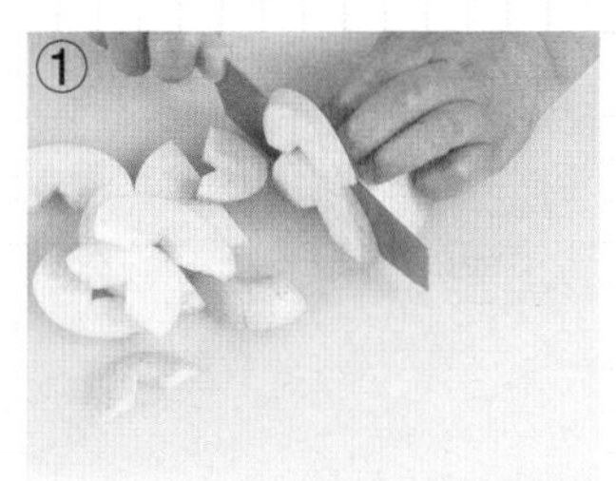
①

②

③

④

⑤

⑥

烤焦糖菠萝

烹饪时间
15 分钟

原料

菠萝 250 克，柠檬 1 个

调料

白糖适量

做法

1 白糖倒入锅中，淋入少许清水，中火加热将其烧至焦糖色，倒入清水制成焦糖汁。
2 处理好的菠萝切成小块装盘，将焦糖汁浇在菠萝上。
3 挤上柠檬汁，擦上柠檬皮碎。
4 放入预热好的烤箱内，以上下火 170℃烤制 15 分钟即可。

焦糖不要熬焦了，以免烤出的成品发苦。

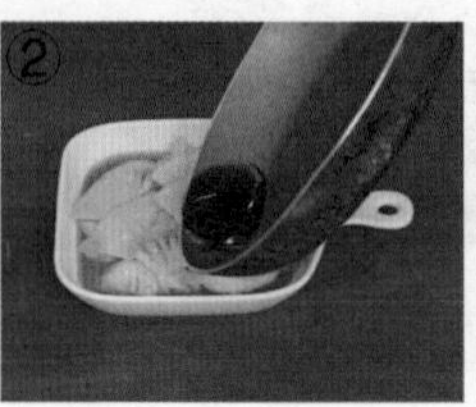

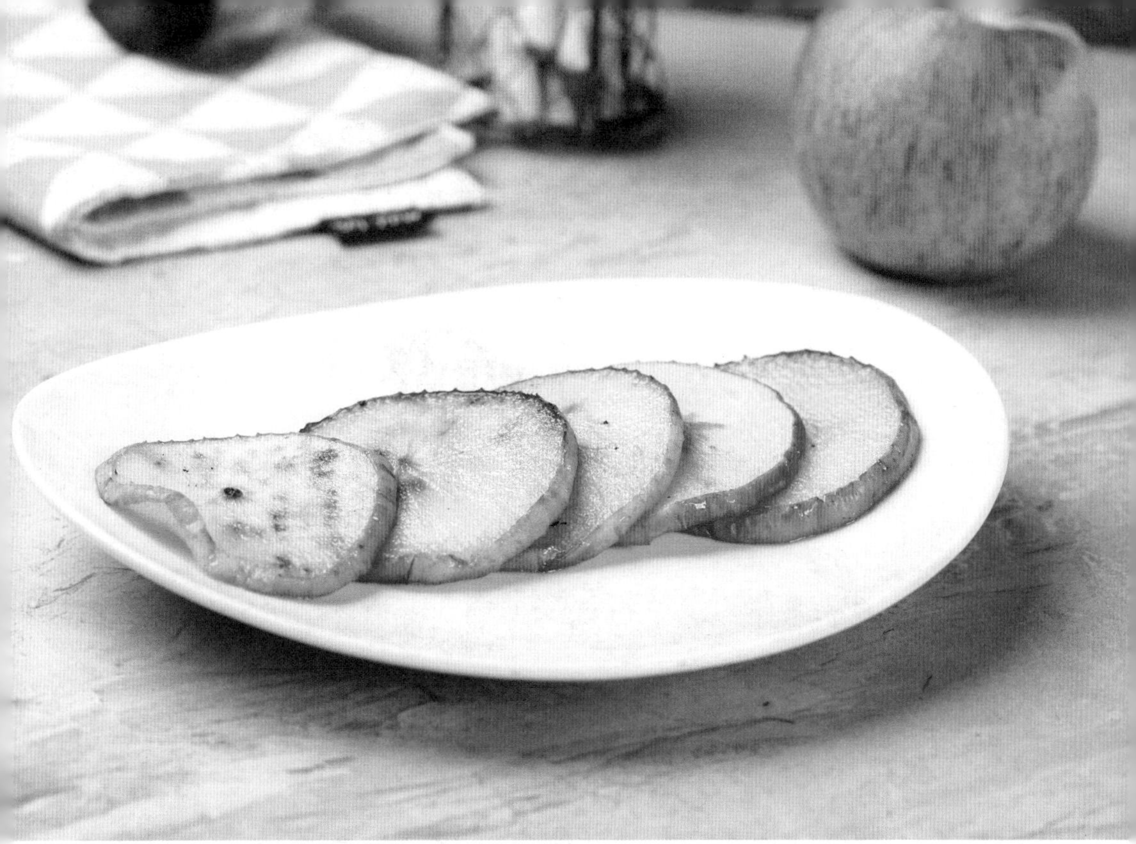

蜜汁烤苹果圈

烹饪时间
10 分钟

原料

苹果 500 克，蜂蜜 20 克

调料

食用油少许

做法

1 洗净的苹果切成薄片，用模具去除苹果核，做成苹果圈，装入盘中，备用。

2 在烧烤架上刷适量食用油，把苹果圈放到烧烤架上，用中火烤 3 分钟至上色。

3 将苹果圈翻面，刷上适量蜂蜜，用中火烤 3 分钟至上色。

4 再次翻面，刷上适量蜂蜜，烤 1 分钟即可。

小贴士

苹果不宜烤得过干，以免影响口感。

①

②

③

④

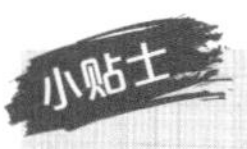

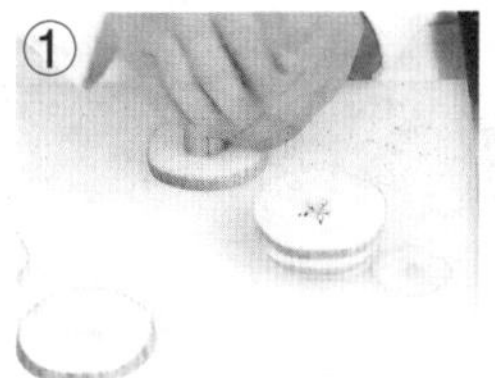

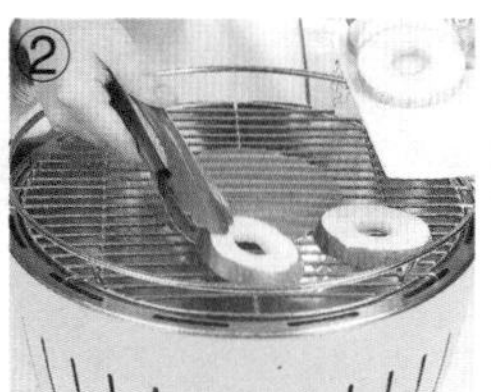

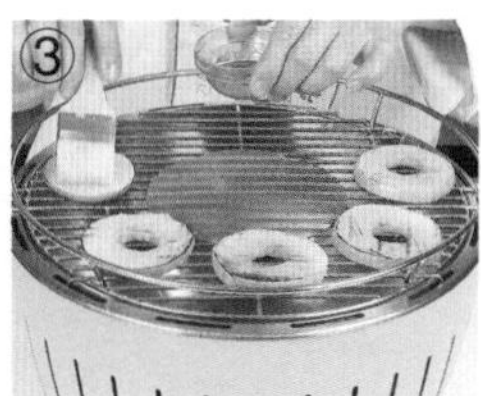

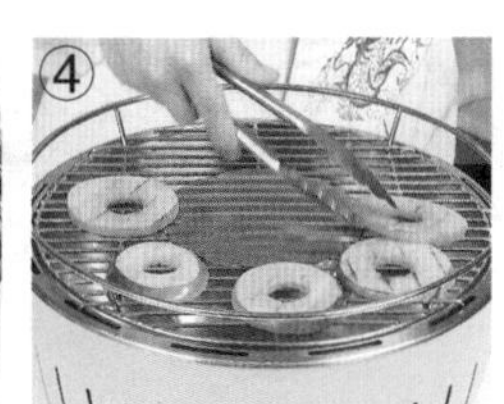

烤千层苹果

烹饪时间
10 分钟

原料

苹果 1 个，马苏里拉芝士适量

调料

白砂糖少许

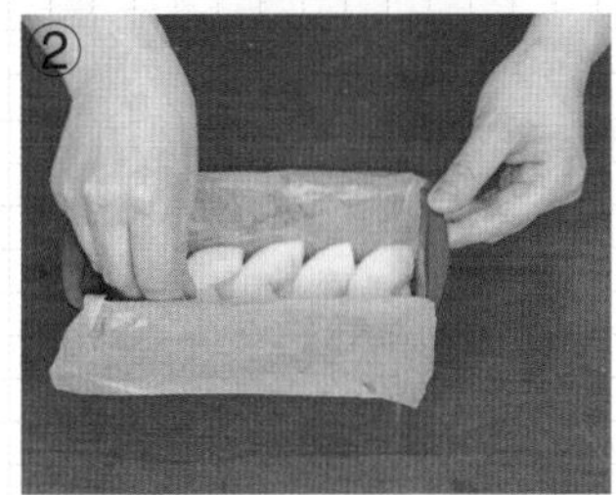
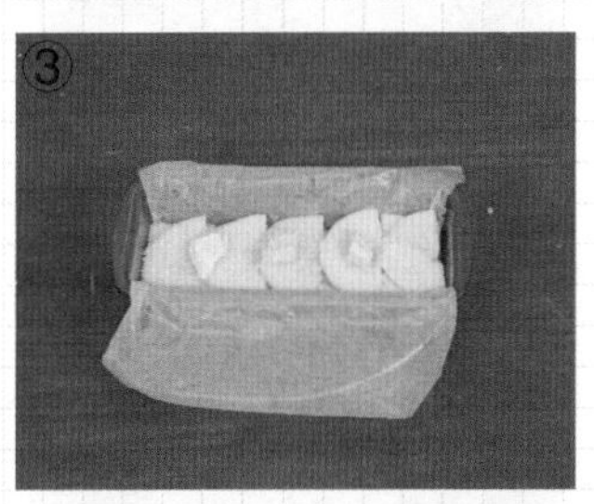
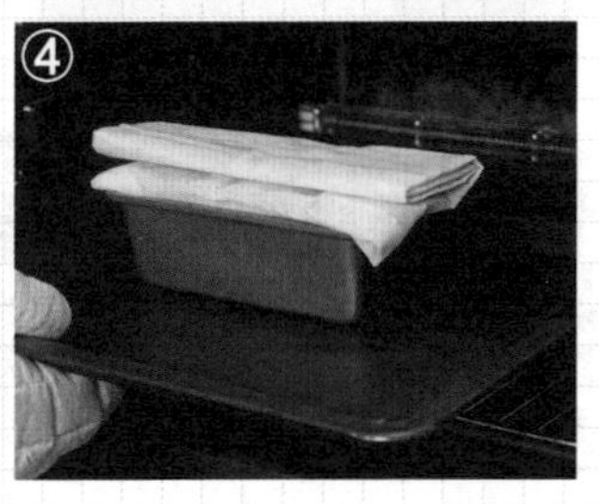

做法

1 苹果洗净去皮，对切成两半，再切成半月形薄片。

2 将苹果片放入烤碗中，一层一层铺好。

3 撒上马苏里拉芝士和白砂糖。

4 将烤碗移入预热好的烤箱，以上下火 180℃烤制 10 分钟即可。

小贴士

切好的苹果放入淡盐水中浸泡，可以防止氧化变黑。

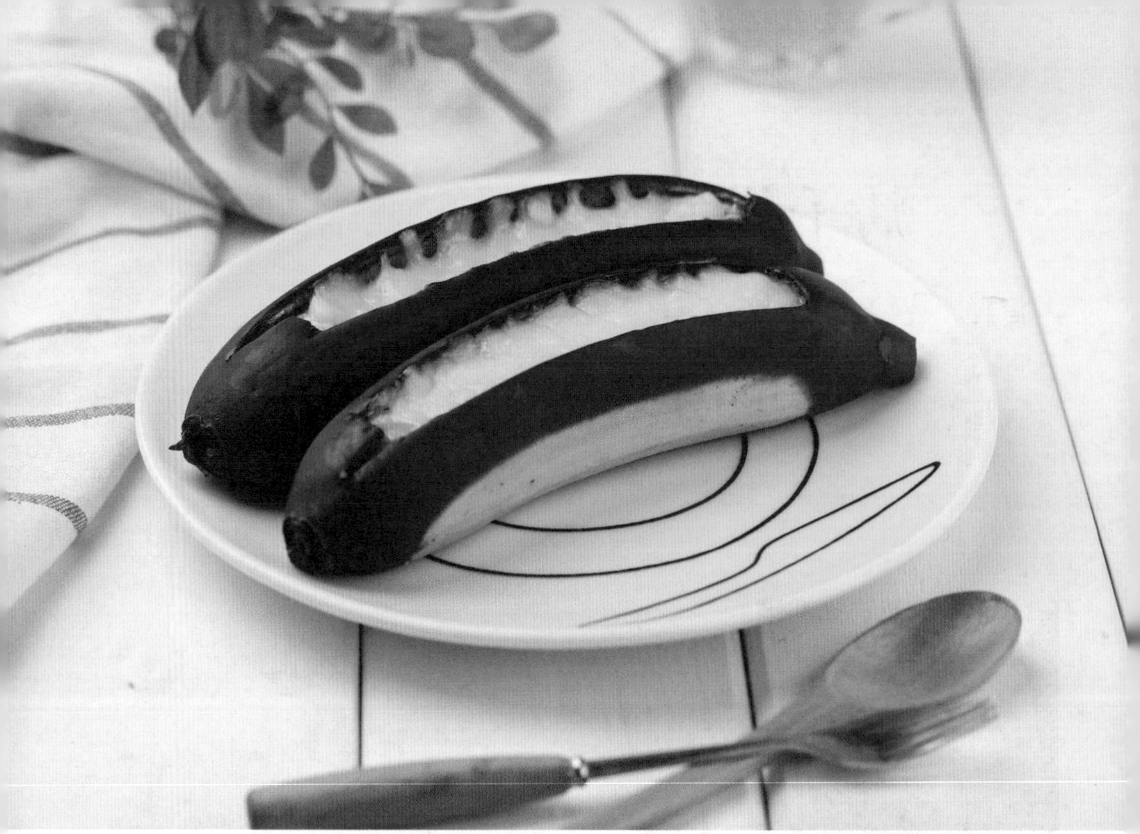

芝心香蕉

烹饪时间
10 分钟

原料

香蕉 2 根，芝士碎适量

做法

1 香蕉横刀划开。
2 挖去少许果肉。
3 填上芝士碎。
4 放入预热好的烤箱内，以上下火 170℃烤制 10 分钟即可。

小贴士

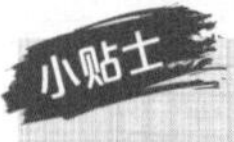

挖出来的香蕉泥可跟芝士搅拌后再填上，会更美味。

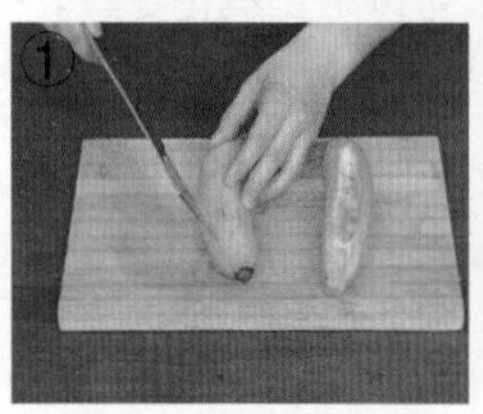

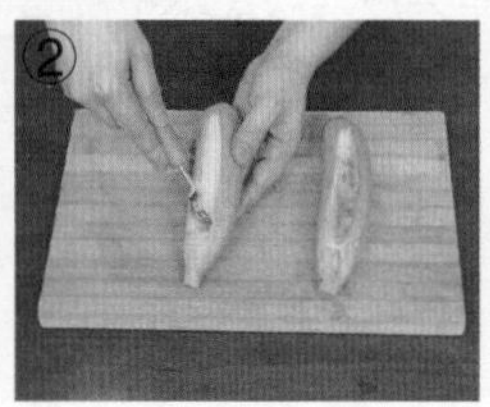

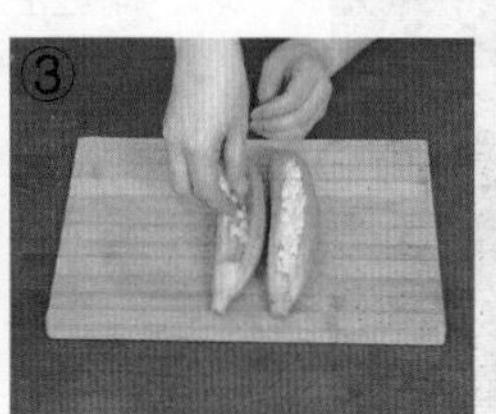

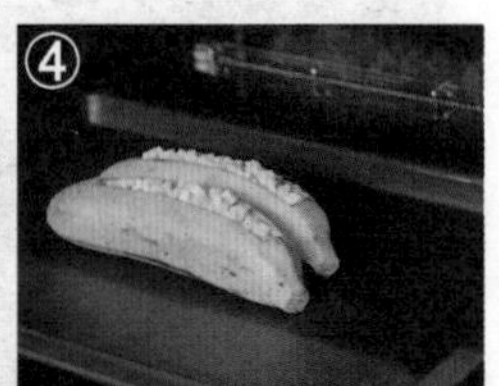

水果面包丁

烹饪时间
5 分钟

原料

去皮菠萝肉、葡萄、芒果、西瓜各 50 克，吐司面包、黄油各适量

调料

苹果醋 100 毫升，果酱适量

做法

1 将芒果、西瓜去皮，与菠萝肉、吐司面包一起切成丁。
2 将葡萄去皮，与菠萝丁、芒果丁、西瓜丁一起用苹果醋浸泡，腌渍约 5 分钟。
3 用竹签将葡萄、菠萝丁、芒果丁、西瓜丁、面包丁穿成串。
4 烤盘中放入黄油，放入水果面包串，移入预热好的烤箱，以上下火 170℃烤制 5 分钟。
5 用果酱涂在盘中衬底，摆上烤好的水果面包串即可。

切好的菠萝用盐水浸泡一下味道会更好。

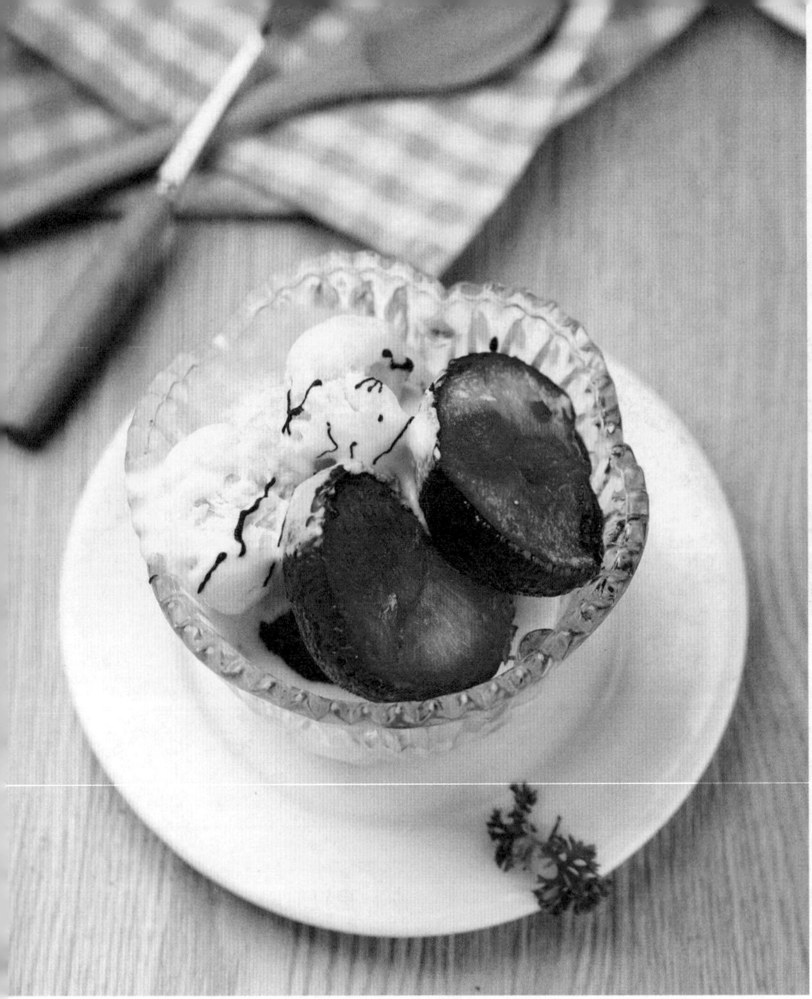

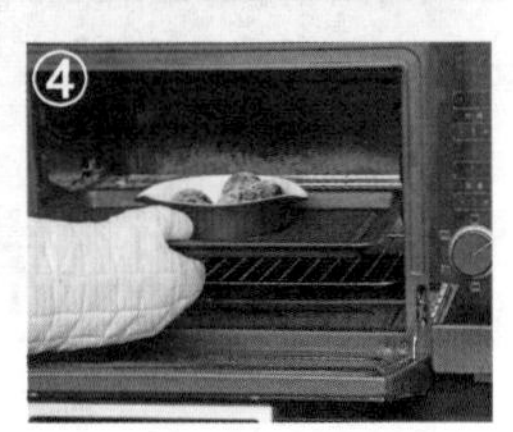

香烤李子

烹饪时间
20 分钟

原料

李子 200 克，黄油、粗砂糖各适量

做法

1 洗净的李子对切开，撬去果核。
2 将李子皮朝上放入容器，刷上液体黄油。
3 再均匀撒上粗砂糖。
4 放入预热的烤箱内，上下火 180℃烤制 20 分钟即可。

烤制好的李子可以搭配各种烤肉，缓解油腻感。

百里香烤桃子

烹饪时间
15 分钟

原料

桃子 1 个，百里香、白砂糖各适量

做法

1 洗净的桃子切成小块。

2 装入容器中，撒上百里香、白砂糖。

3 放入预热好的烤箱内，以上下火 170℃烤制 15 分钟即可。

桃子选用较硬的，以免烤完后太瘫软。

肉桂油桃

烹饪时间
15 分钟

原料

油桃 200 克，肉桂粉、黄油、薄荷叶各适量

做法

1 洗净的油桃对切开，撬去果核，再切成瓣状。
2 将油桃瓣放入烤碗，刷上液体黄油，再撒上肉桂粉。
3 放入预热好的烤箱，以上下火 170℃烤制 15 分钟。
4 取出，点缀上洗净的薄荷叶即可。

喜欢偏甜口味者，可以加点蜂蜜。

烤西瓜

烹饪时间
10 分钟

原料

西瓜 1 个，黑胡椒适量

做法

1 洗净的西瓜切块，在西瓜肉上打上花刀。

2 装入容器中，撒上黑胡椒。

3 放入预热好的烤箱内，以上下火 170℃烤制 10 分钟即可。

为了方便食用，可将西瓜籽剔除。

香烤无花果

烹饪时间
10 分钟

原料

无花果 6 个，鼠尾草、百里香各适量，马苏里拉芝士 50 克，肉桂粉少许

做法

1 无花果洗净待用。
2 将马苏里拉芝士均匀地铺在烤盘中，放入无花果，撒上肉桂粉。
3 将烤盘移入预热好的烤箱，以上下火 180℃烤制 10 分钟。
4 取出，点缀上洗净的鼠尾草、百里香即可。

要选择个大的、颜色越浓越好的无花果。

烤焦糖蜜瓜

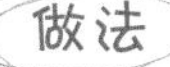
烹饪时间
15 分钟

原料

哈密瓜 200 克，黄油适量

调料

白糖适量

做法

1 哈密瓜处理好，切成小块。
2 白糖倒入锅中，加热熬至焦糖色。
3 倒入黄油，加入哈密瓜，搅拌匀，倒入容器内。
4 放入预热好的烤箱内，以上下火 180℃烤制 15 分钟即可。

哈密瓜味道已经很甜了，焦糖可以熬得稍微重点。

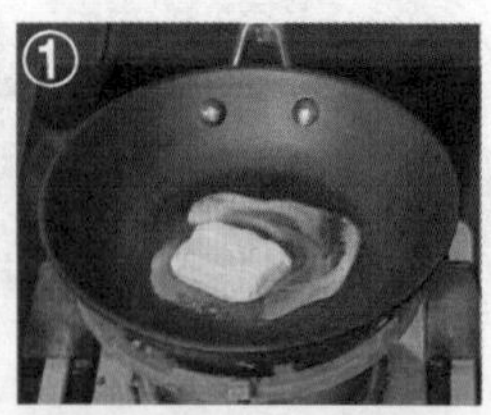

秘制焖烤香草黄桃

烹饪时间 10 分钟

原料

黄桃 150 克，桂皮、黄油、白糖各适量

做法

1 黄油倒入锅中加热至溶化。
2 放入黄桃、桂皮，将表面煎上色。
3 再续煎出香味，撒上一层白糖。
4 将煎锅放入预热好的烤箱内，上下火 170℃烤制 10 分钟即可。

小贴士

不喜欢桂皮的人可以换成别的香料。

罗勒风味烤圣女果

烹饪时间
8 分钟

原料

圣女果 150 克，迷迭香、橄榄油各适量

调料

海盐 2 克

做法

1 圣女果洗干净，对半切开。
2 将切好的圣女果摆在烤盘上，刷上橄榄油，撒入迷迭香和海盐。
3 将烤盘移入烤箱，用 110℃热风烘烤至半干即可。

圣女果烤制干燥后，最好密封保存。

肉桂苹果

烹饪时间
30 分钟

原料

苹果 300 克，黄油 40 克，肉桂粉适量

调料

白糖适量

做法

1 苹果洗净去皮切成四瓣，再剔去果核。
2 黄油在室温下软化，加入苹果使黄油均匀包裹。
3 裹上一层白糖，撒上肉桂粉，放入预热好的烤箱内，上下火 180℃烤 30 分钟。
4 白糖倒入锅中，熬制成焦糖后浇在苹果上即可。

放入烤盘时可再撒层白糖，烤后会变焦糖，更添风味。

烤雪梨

烹饪时间
12 分钟

原料

雪梨 2 个，红枣、冰糖各适量

做法

1 雪梨洗干净，用刀将带蒂的一边切下一小块，再用小汤匙把梨核挖出来。

2 将红枣洗净擦干后与冰糖一起放入雪梨中，再将刚刚切下的小块放回雪梨上，用牙签固定好。

3 分别用锡箔纸将两个梨包裹好，放在烤架上用余火或小火烤至出汁即可。

小贴士

还可加入少许川贝，会更养生、美味。

烤香草油浸圣女果

烹饪时间
40 分钟

原料

圣女果 200 克，罗勒碎、百里香各适量

调料

橄榄油、盐各适量

做法

1 洗净的圣女果对切开，装入容器内。
2 加入橄榄油至完全浸没，放入少许盐。
3 再撒上罗勒碎、百里香。
4 放入预热好的烤箱内，上下火 150℃烤 40 分钟即可。

放入密封罐保存，能保存的时间更长。

第4章

综合食材烤料理

本章收录了综合烧烤与烤制的主食，制作简单，搭配多样，是假日休闲或朋友聚餐的必选美味。

秘制五彩烤肉

烹饪时间
22 分钟

原料

五花肉 170 克，黄彩椒 40 克，去皮胡萝卜 75 克，洋葱 50 克，香菇 40 克，西芹 70 克

调料

烧烤料 30 克， 盐、孜然粉各 2 克，生抽、料酒各 5 毫升，食用油适量

做法

1 洗净的黄彩椒、香菇切小块，胡萝卜切成丁，西芹切小段，洋葱切小块。

2 洗好的五花肉去猪皮，切块装碗，倒入烧烤料、孜然粉、适量盐、生抽，拌匀，加入料酒，再次拌匀，腌渍 10 分钟至入味。

3 烤盘放上锡纸，刷上适量食用油， 放上切好的黄彩椒、香菇、胡萝卜、西芹、洋葱，撒上少许盐，放上腌好的五花肉。

4 将烤盘放入烤箱，将上下火温度调至 200℃，烤 20 分钟至食材完全熟透即可。

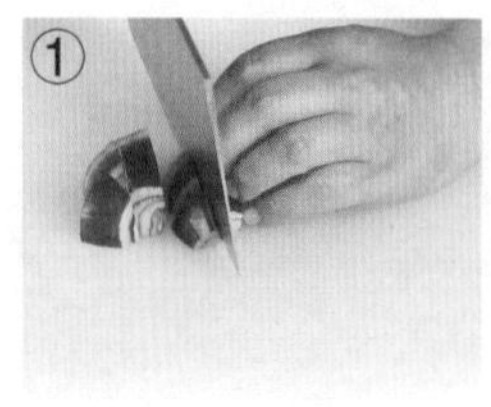
①

②

③

④

牛蹄筋彩椒串

烹饪时间
10 分钟

原料

熟牛蹄筋 100 克，圆椒、彩椒各 1 个

调料

盐 2 克，烧烤粉、辣椒粉各 5 克，孜然粉、食用油各适量

小贴士

牛蹄筋容易烤煳，烤的时候可以多放点食用油。

做法

1 彩椒洗净，切成 2 厘米见方的小块；洗好的圆椒切成 2 厘米见方的小块。

2 依次将牛蹄筋块、圆椒、彩椒串到竹签上。

3 在烧烤架上刷上适量食用油，放上烤串，用中火烤至变色，在烤串两面均匀地刷上食用油。

4 撒上适量盐、烧烤粉、辣椒粉、孜然粉，用中火烤至上色，再刷上少许食用油，用中火烤至熟即可。

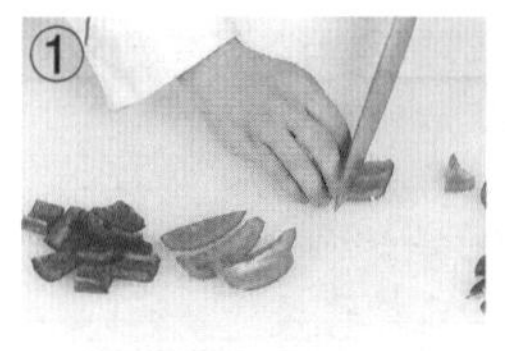

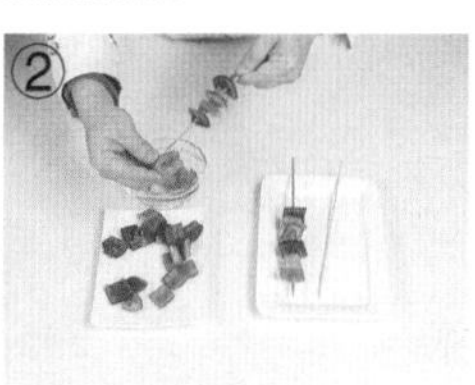

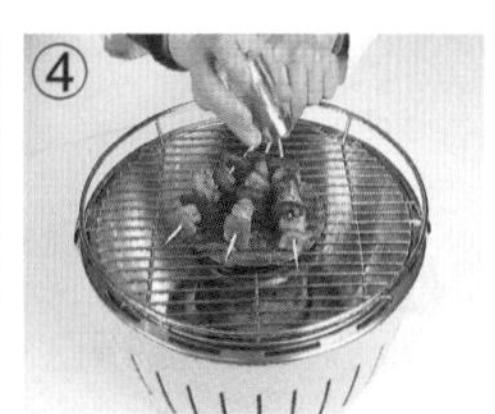

多彩牛肉串

烹饪时间
15分钟

原料

红椒30克，黄椒30克，青椒30克，牛肉60克，蒜末10克

调料

料酒4毫升，胡椒粉、食用油各适量，姜黄粉7克

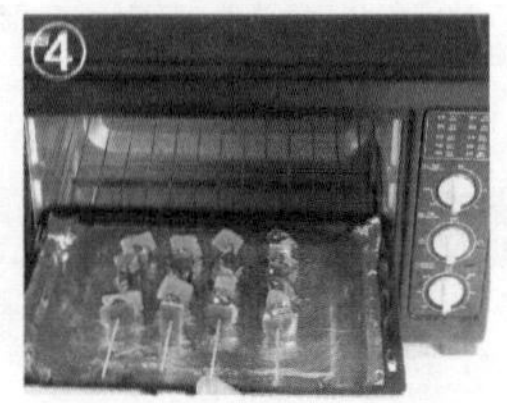

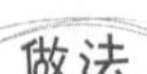

做法

1 洗净的红椒、黄椒、青椒去芯对切，切成小块；牛肉切条，改切小丁。

2 牛肉装入碗中，放入姜黄粉、蒜末、盐、鸡粉，再加入料酒、胡椒粉，充分搅拌均匀。

3 烤盘内铺上锡纸，刷上食用油，用竹签依次将三色辣椒与牛肉交叉串起，放在烤盘上。

4 放入烤箱内，上下火调为210℃，定时烤15分钟。

小贴士

腌渍牛肉时可加入些许白酒，能更好地去腥。

芝士培根串

烹饪时间
10 分钟

原料

培根 20 克，芝士 40 克

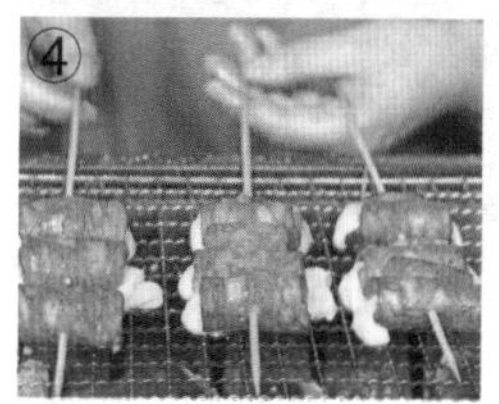

做法

1 芝士切成小长条。
2 备好的培根将芝士卷住。
3 逐一用竹签串起。
4 培根串放在烤架上，将培根烤熟即可。

芝士烤化会变软，所以培根要包紧实点。

时蔬烤肉串

烹饪时间
12 分钟

原料

羊肉 500 克，红彩椒、黄彩椒各 1 个，云南小瓜 1 条，藠头 30 克

调料

烧烤粉、辣椒粉各 10 克，胡椒粉 5 克，烧烤汁 10 毫升，生抽 8 毫升，盐、橄榄油各适量

做法

1 羊肉、红彩椒、黄彩椒切块；云南小瓜切片；藠头去皮切块。
2 将各原料加调料分别腌渍入味。
3 将腌渍好的食材交错地穿成串。
4 烧烤架刷上橄榄油，放上烤串，翻面继续烤 5 分钟，用中火烤 3 分钟至熟。
5 以旋转的方式，加上调料烤熟，放入盘中即可。

小贴士

选肥瘦均匀的羊肉来制作，会更美味。

炭烤菠萝肉串

烹饪时间
15 分钟

原料

菠萝肉 200 克，猪肉 150 克

调料

盐 3 克，烧烤粉 5 克，生抽、橄榄油各 5 毫升，白胡椒粉、食用油各适量

做法

1 洗净的菠萝果肉切成小块；洗好的猪肉切长条，改切成小块。

2 把猪肉装入碗中，加入烧烤粉、白胡椒粉、盐、生抽、橄榄油拌匀，腌至入味，取一支烧烤针，将猪肉、菠萝肉依次串成串，备用。

3 在烧烤架上刷上适量食用油，将烤串放在烧烤架上，用中火烤 5 分钟至变色。

4 翻面，撒上适量烧烤粉，刷少许生抽，撒入少许盐，刷上少量食用油，中火烤 5 分钟至入味，翻转烤串，撒上烧烤粉，刷上生抽、食用油，中火烤至熟即可。

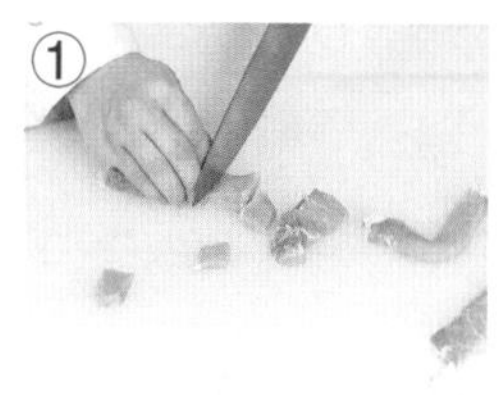

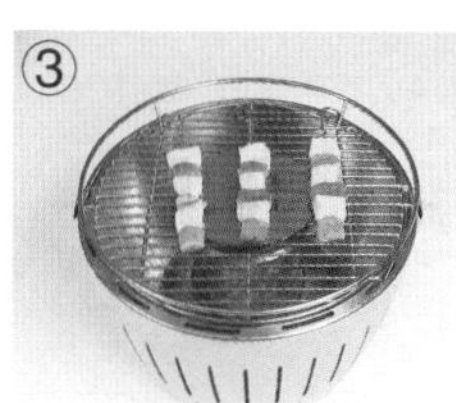

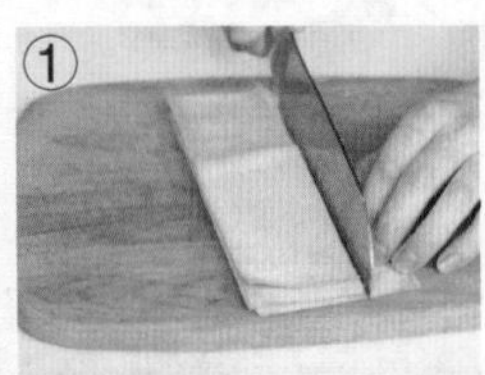

豆皮金针菇卷

烹饪时间 10分钟

原料

豆皮50克，金针菇100克，彩椒丝20克

调料

烧烤粉5克，孜然粉5克，盐少许，食用油适量

卷制的豆皮不宜太厚，以免里面不易烤熟。

做法

1 将洗净的豆皮切成长约10厘米、宽约3厘米的条，备用；洗净的金针菇切去根部。

2 将豆皮平铺在砧板上，在豆皮一端放入金针菇、彩椒丝，慢慢卷起，并用竹签穿好，再将剩余的豆皮、金针菇、彩椒丝依次穿好，备用。

3 豆皮金针菇卷放在烧烤架上，均匀地刷上适量食用油，用小火烤3分钟至变色，撒上适量烧烤粉、盐、孜然粉。

4 翻面，再撒上适量烧烤粉、盐、孜然粉，用小火烤3分钟至上色，再翻面，撒上烧烤粉，用小火烤1分钟至熟即可。

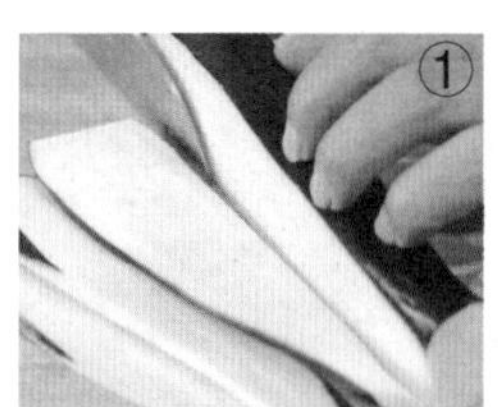

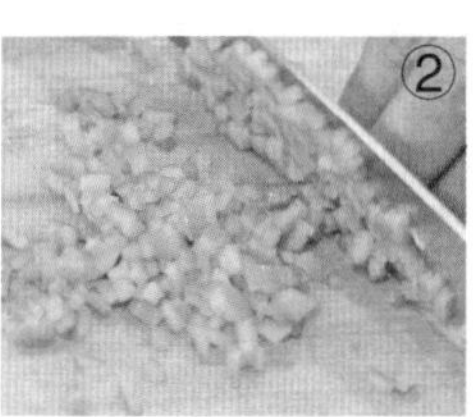

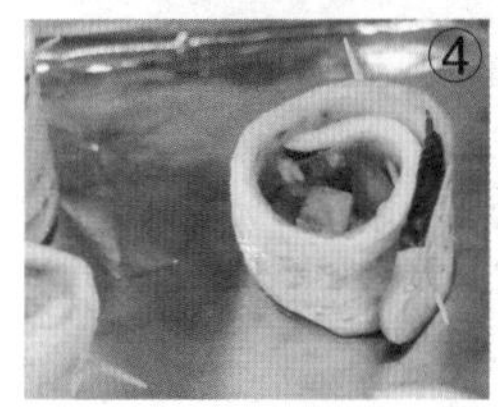

芝士酿烤茄子

烹饪时间
25 分钟

原料

茄子 214 克，西红柿 60 克，洋葱 50 克，青椒 42 克，蒜 20 克，薄荷叶少许

调料

盐 6 克，糖 3 克，芝士粉 15 克，食用油、胡椒粉各适量

小贴士

腌茄子要掌握好时间，以免太软包不住食材。

做法

1 茄子切去头尾，切成薄片放入盘子，放入茄子片，撒入盐，腌渍 10 分钟。

2 洗净的洋葱、青椒、西红柿均切丁；蒜拍剁成碎末。

3 炒锅注油，爆香洋葱、蒜末，放入西红柿、青椒炒匀，加入盐、糖、胡椒粉，炒匀调味，盛出待用。

4 取出烤盘，铺上锡纸，表面刷上食用油，将茄子片卷起，用牙签固定后放入烤盘，将炒好的料填入。

5 烤盘放入烤箱，上下火调为 200℃，烤 20 分钟后取出，撒上芝士粉，放上薄荷叶即可。

圆椒镶肉

烹饪时间
30 分钟

原料

圆椒 2 个，培根末 50 克，胡萝卜末 20 克，洋葱末 20 克，西芹末 20 克

调料

鸡粉 3 克，盐 3 克，橄榄油 10 毫升

做法

1 将胡萝卜末、洋葱末、西芹末倒入培根末中，加盐、鸡粉拌匀，淋入适量橄榄油。

2 充分拌匀，腌渍 5 分钟至其入味，备用。

3 将洗净的圆椒尾部切平。

4 再将里面的蒂、籽挖去，备用。

5 在圆椒上撒适量盐，将腌好的培根馅倒入挖空的圆椒中，并压实。

6 放入预热好的烤箱内，将烤箱温度调成上火 250℃、下火 250℃，烤 30 分钟至熟即可。

彩椒的外皮可刷上少许黄油，会更香脆。

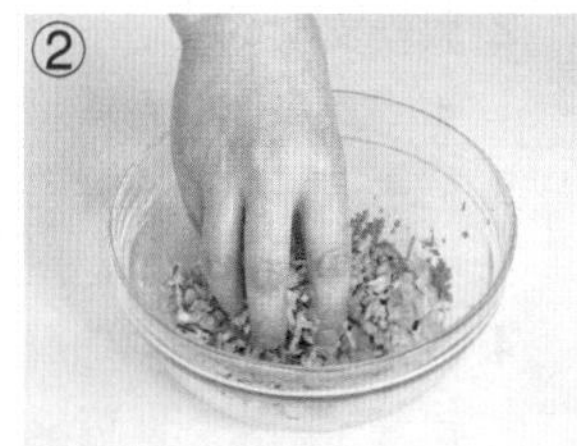

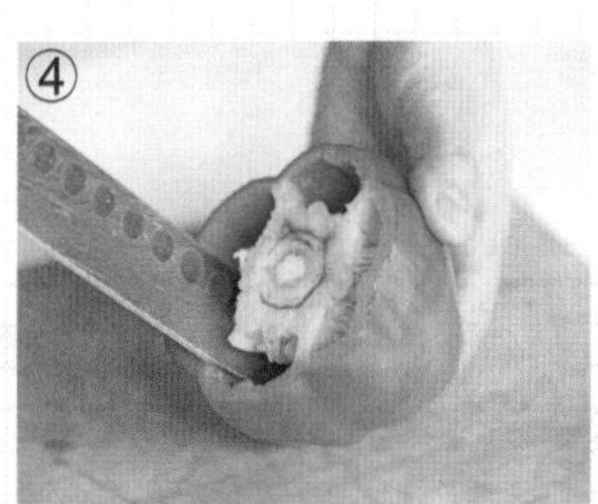

烤水果串

烹饪时间
4分钟

原料

火龙果200克，苹果1个，猕猴桃2个，圣女果100克

调料

蜂蜜、食用油各适量

将切好的水果放入淡盐水中略焯，烤制时更易入味。

做法

1 火龙果、苹果、猕猴桃均处理好切成小块，备用。
2 取一支竹签，将圣女果、火龙果、猕猴桃、苹果依次串成串，备用。
3 把水果串放在烧烤架上，一边翻转，一边刷上适量蜂蜜，用中火烤1分钟至变色。
4 在水果串上均匀地刷上蜂蜜，用中火烤1分钟至散出蜂蜜的香味即可。

芒果海鲜串

烹饪时间
10 分钟

原料

芒果 200 克，虾仁 30 克，黑胡椒碎适量

做法

1 芒果对切开去核，打上网格花纹，将果肉取出。
2 将芒果与虾仁交叉地串在竹签上，撒上黑胡椒碎。
3 再放入预热好的烤箱内，上下火 170℃定时烤 10 分钟即可。

小贴士

虾仁事先腌渍片刻，会十分鲜美。

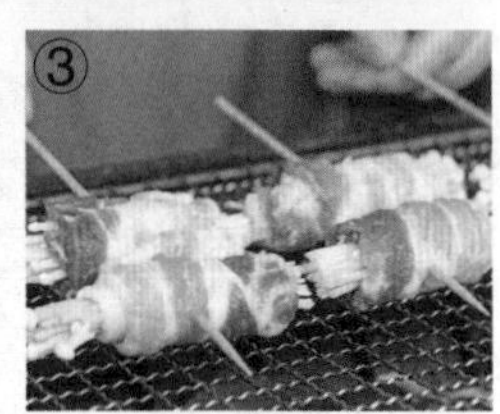

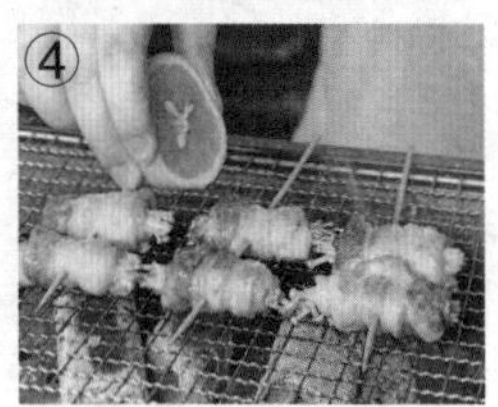

五花片金针菇卷

烹饪时间
4 分钟

原料

五花肉 60 克，金针菇 100 克，柠檬适量

调料

盐适量

做法

1 洗净的五花肉去皮，切成薄片；金针菇切成长段。
2 用肉片逐一将金针菇卷起，再用竹签串成串。
3 将肉串放在烤架上，用大火烤出油分。
4 撒上适量的盐，续烤入味后挤上柠檬汁，烤至熟透即可。

五花肉最好选择靠近肩膀的三层肉，口感会更出众。

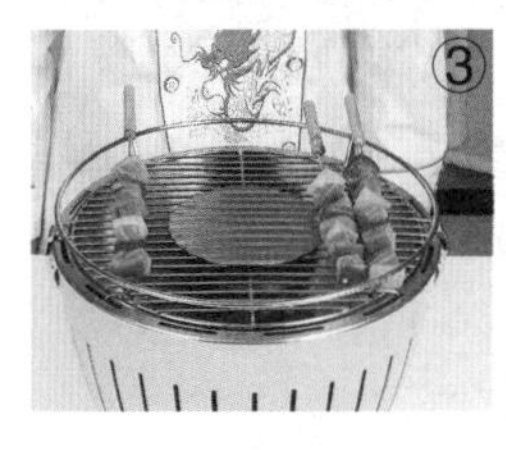

串烧三文鱼

烹饪时间
5 分钟

原料

三文鱼 150 克，圆椒、彩椒各适量

调料

盐 3 克，白胡椒粉、孜然粉、烧烤粉各 5 克，烧烤汁 8 毫升，柠檬、食用油各适量

鱼肉可事先用柠檬汁腌渍，能很好地去腥。

做法

1 将洗净的圆椒、彩椒分别切小块；三文鱼切小块，装入碗中，撒入适量盐、烧烤粉、孜然粉、烧烤汁、白胡椒粉，淋入适量食用油。

2 挤入适量柠檬汁，拌匀，腌渍 10 分钟至其入味。用烧烤针将圆椒、彩椒、三文鱼依次穿成串，备用。

3 在烧烤架上刷适量食用油，将烤串放在烧烤架上，用中火烤 2 分钟至变色。

4 翻面，刷上适量食用油、烧烤汁，用中火续烤 2 分钟至变色，再翻面，刷上少量烧烤汁，烤约 1 分钟至熟即可。

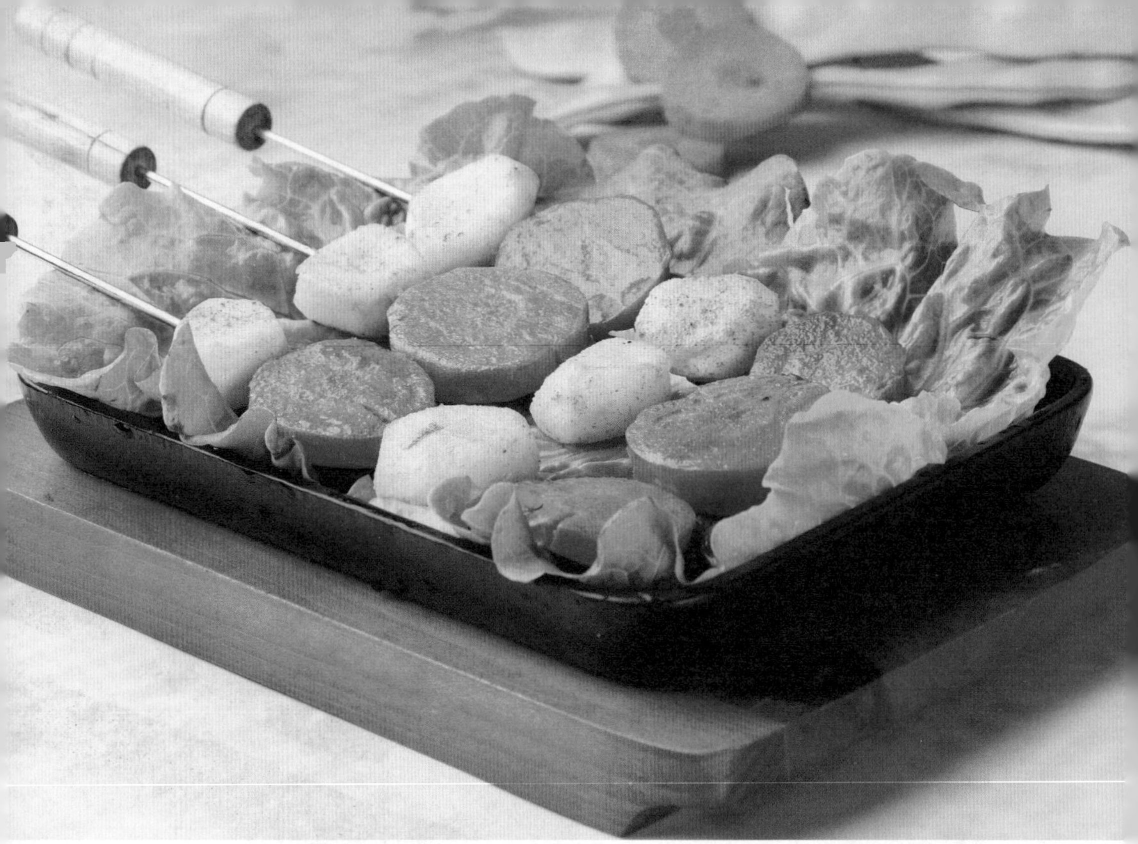

烤胡萝卜马蹄

烹饪时间
8 分钟

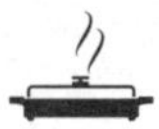

原料

马蹄肉 100 克，胡萝卜片 100 克

调料

盐少许，烧烤粉 5 克，食用油适量

烤至胡萝卜变软即可取出，此时胡萝卜口感最佳。

做法

1 将胡萝卜片、马蹄肉交错地穿到烧烤针上，备用。
2 穿好的烤串放在烧烤架上，两面均刷适量食用油，用中火烤 3 分钟至变色。
3 翻面，撒上适量盐、烧烤粉后翻面。
4 再撒上盐、烧烤粉，将没有烤过的一面用中火烤 3 分钟至变色，再刷上适量食用油，继续烤 1 分钟，最后装盘即可。

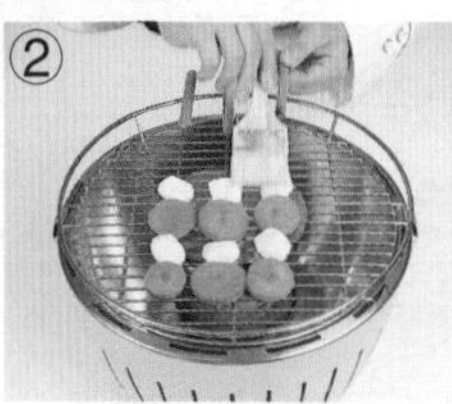

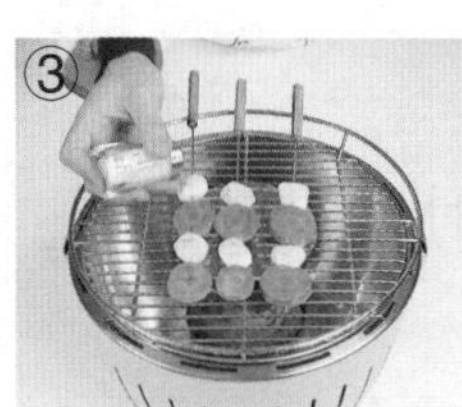

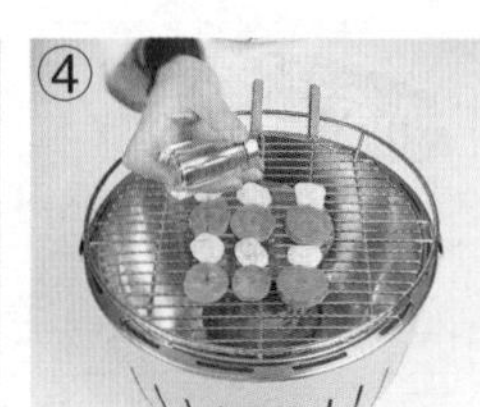

碳烤羊蔬串

烹饪时间
10 分钟

原料

嫩羊肉 500 克，青椒、红椒、葱头各 150 克，口蘑 50 克

调料

玉米粉 50 克，酸奶 400 克，盐适量，丁香粉、桂皮粉、茴香粉、胡椒粉各少许

做法

1 将羊肉洗净后切块；葱头洗净后，将 2/3 的葱头和其余原料切片，1/3 葱头切末；青椒、红椒洗净，对半切段；口蘑洗净，待用。

2 羊肉块放入碗中，倒入玉米粉、酸奶、盐。

3 再加入丁香粉、桂皮粉、茴香粉、胡椒粉拌匀，进行腌渍至入味。

4 将羊肉、红椒、青椒、葱头、口蘑串好，用炭火缓缓烤熟即可。

穿羊肉串时，最好肥瘦交叉，这样口感会更好。

牛肉土豆串

烹饪时间
8分钟

原料

牛肉 100 克，土豆 150 克

调料

黑胡椒粉 2 克，盐 3 克，鸡粉 2 克，橄榄油、生抽各 5 毫升，烧烤粉、孜然粉各 5 克，食用油适量

做法

1 将洗净去皮的土豆切丁，装入碗中。
2 牛肉切成丁后装入碗中，撒入适量盐、鸡粉、生抽、橄榄油，加入适量黑胡椒粉，拌匀，腌渍 10 分钟。
3 取一根烧烤针，将土豆、牛肉依次穿成串，放在烧烤架上，用中火烤 3 分钟至变色。
4 在烤串上刷适量食用油，翻转烤串，并撒入适量烧烤粉、盐、孜然粉，续烤 2 分钟至熟。

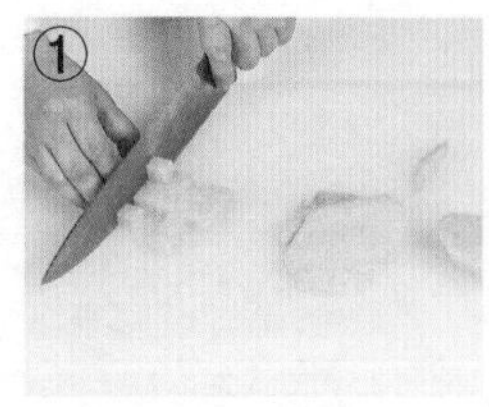

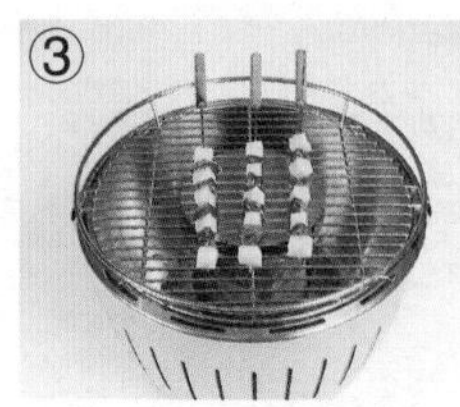

串烧麻辣鸡块

烹饪时间
21 分钟

原料

鸡腿 2 个，圆椒 30 克，彩椒 150 克，洋葱 70 克

调料

盐、花椒粉、辣椒粉、孜然粉、食用油、烧烤汁、酱油、辣椒油、鸡精各适量

做法

1 鸡腿剔去骨头，切成方块状后装入碗中，加入鸡精、盐、孜然粉、花椒粉、辣椒粉，淋入酱油、食用油、辣椒油，搅拌均匀后腌渍 15 分钟使其入味。

2 洗净的彩椒、圆椒、洋葱切开，再切成小方块，再与鸡腿肉依次串在烧烤针上。

3 在烤架放上串烧，稍微烤一会儿，在串烧上刷少量食用油，每烤 3 分钟换一面继续烤，撒适量的花椒粉在串烧上。

4 取少量的孜然粉，均匀地撒在串烧上，用刷子将烧烤汁、食用油均匀刷上，稍微烤一下，装入盘中即可。

烤双色丸子

烹饪时间 8分钟

原料

牛肉丸100克，墨鱼丸100克

调料

烧烤粉、辣椒粉各5克，孜然粉3克，食用油适量

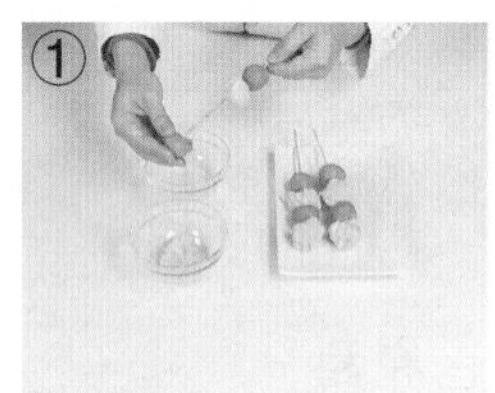

做法

1 用竹签依次将牛肉丸、墨鱼丸穿成串，备用。
2 在烧烤架上刷适量食用油，把烤串放在烧烤架上。
3 均匀地刷上适量食用油，用中火烤3分钟至上色，用小刀在肉丸和鱼丸上划小口。
4 旋转烤串，并刷上适量食用油，撒入烧烤粉、孜然粉、辣椒粉，用中火烤3分钟至熟即可。

划刀口时，刀口不宜过密、过深，以免烤散。

韩式烤蔬菜什锦

烹饪时间
6分钟

原料

口蘑95克，圆椒50克，红、黄彩椒各50克，玉米火腿肠60克

调料

辣椒面30克，盐1克，胡椒粉2克，花生油、芝麻油各适量

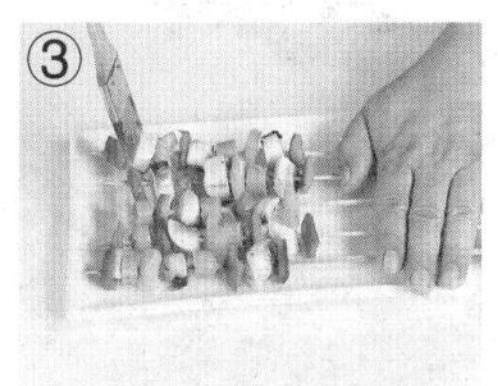

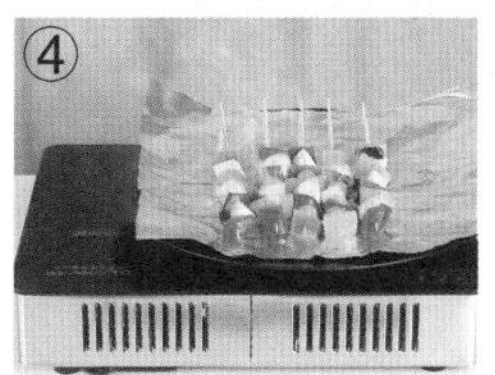

做法

1 洗净的黄彩椒、圆椒、红彩椒、口蘑、玉米火腿肠切小块。

2 用竹签将切好的彩椒、圆椒、口蘑和玉米火腿按自己喜欢的顺序串起，制成什蔬串。

3 将什蔬串装盘，两面刷上一层榨好的花生油。

4 烤盘铺上锡纸，锡纸上刷一层榨好的芝麻油，放上备好的什蔬串，烤约2分钟至五成熟，均匀撒上辣椒面，烤制片刻至熟透，加入盐、胡椒粉，烤一会儿至入味即可。

烤串时要来回翻动两三次，才能均匀地将其烤熟。

烤牛肉酿香菇

烹饪时间
12 分钟

原料

牛肉末 50 克，洋葱末、胡萝卜末、西芹末各 20 克，香菇 100 克

调料

生抽 5 毫升，生粉 3 克，盐 3 克，橄榄油 8 毫升，烧烤粉 3 克，黑胡椒碎、鸡粉各少许

做法

1 将牛肉末放入容器中，倒入适量生抽，拌匀。

2 放入胡萝卜末、洋葱末、西芹末，撒入适量盐、鸡粉、生粉，淋入适量橄榄油。

3 撒入黑胡椒碎，拌匀，腌渍 10 分钟至其入味。

4 在洗净的香菇上撒适量盐，淋入橄榄油，拌匀，撒上适量烧烤粉，拌匀，腌渍 5 分钟至其入味。

5 将腌好的香菇放入铺有锡纸的烤盘上，把腌好的牛肉馅放在香菇上。

6 将烤箱温度调成上火 230℃、下火 230℃，放入烤盘，烤 10 分钟至熟即可。

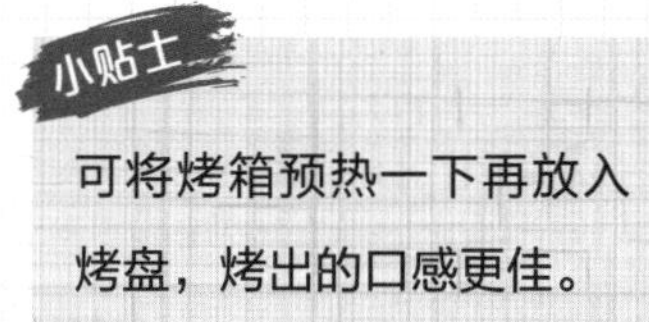

小贴士

可将烤箱预热一下再放入烤盘，烤出的口感更佳。

①

②

③

④

⑤

⑥

鸡皮蔬菜卷

烹饪时间
10 分钟

原料

鸡皮 15 克，豆芽 40 克，胡萝卜 30 克，香菜适量

调料

盐、黑胡椒各适量

做法

1 将鸡皮从鸡腿上剥下，修成合适的大小。
2 胡萝卜去皮切成丝，香菜切成段。
3 将豆芽、胡萝卜、香菜卷入鸡皮内，用竹签串起。
4 放在烤架上，略烤后撒上盐烤至熟，撒上黑胡椒续烤片刻即可。

鸡皮味道较油，制作时烤去多余油脂，会更美味。

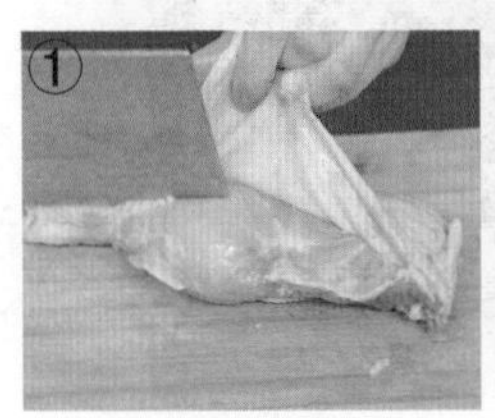

牛肉花菜串

烹饪时间
8 分钟

原料

牛肉 150 克，西蓝花、花菜各 25 克

调料

孜然粉、烧烤粉、辣椒粉各 5 克，生抽、芝麻油各 5 毫升，盐 2 克，食用油适量

做法

1 牛肉切成粗条，装入碗中，撒入少许盐、烧烤粉、辣椒粉、孜然粉，淋入生抽、芝麻油，拌匀后腌渍 1 小时。

2 取一只竹签，将西蓝花、牛肉、花菜依次穿成串，备用。

3 在烧烤架上刷适量食用油，把烤串放在烧烤架上，用中火烤 3 分钟至变色。

4 在烤串上刷食用油，翻转烤串，撒上烧烤粉、辣椒粉、盐、孜然粉，用中火烤 3 分钟后翻转烤串，续烤 1 分钟至熟。

牛肉不要切得太细，这样才有嚼劲，口感好。

豆皮蔬菜卷

烹饪时间
5 分钟

原料

豆皮 30 克，胡萝卜 30 克，香菜适量

调料

盐、辣椒粉、孜然粉各适量

做法

1 备好的豆皮修成长方片。
2 胡萝卜切成丝，洗净的香菜切成段，韭菜切成段。
3 用豆皮将食材卷起，再用竹签串成串固定好。
4 将豆皮串放在烤架上，均匀地刷上食用油，烤 3 分钟后撒上盐、辣椒粉、孜然粉，烤至入味即可。

豆皮容易焦，烤制时要注意火候。

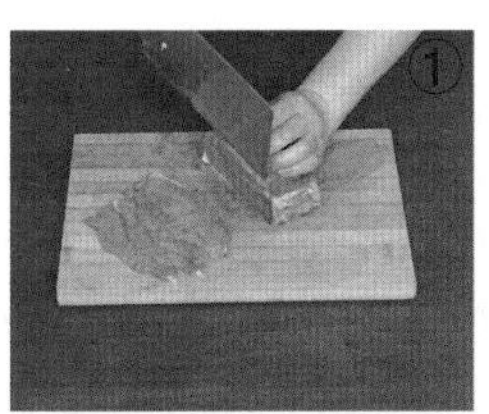

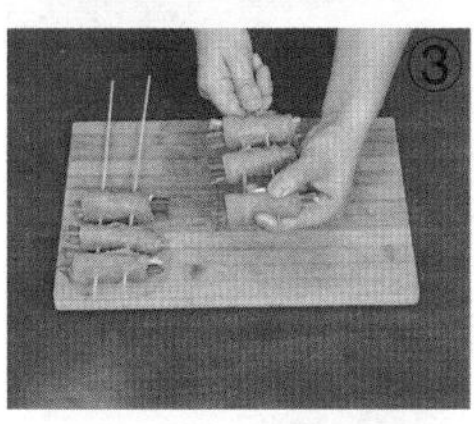

嫩肉片韭菜卷

烹饪时间
5 分钟

原料

里脊肉 40 克，韭菜 50 克

调料

盐、孜然粉、辣椒粉、食用油各适量

做法

1 里脊肉切薄片，洗净的韭菜切成段。
2 韭菜码齐，用肉片将其卷起。
3 用竹签逐一串起。
4 肉串放在烤架上，均匀地刷上食用油，烤制 3 分钟，两面撒上盐、孜然粉、辣椒粉，烤至入味熟透即可。

里脊肉缺少油脂，烤制时可以多刷几次油。

培根秋葵串

烹饪时间
8 分钟

原料

培根 40 克，秋葵 50 克

做法

1 洗净的秋葵修去头尾。
2 用备好的培根逐一将秋葵卷起。
3 再用竹签将其串好，待用。
4 将秋葵串放在烤架上，将其完全烤熟即可。

培根较油腻，食用时可撒上柠檬汁，能很好地解腻。

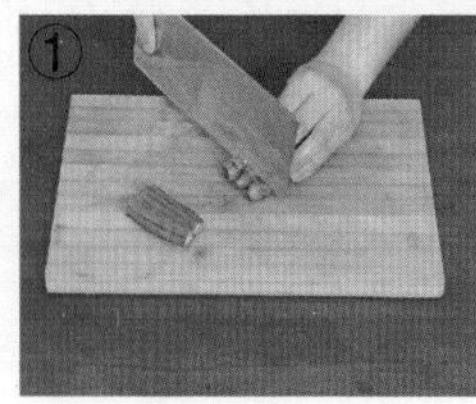

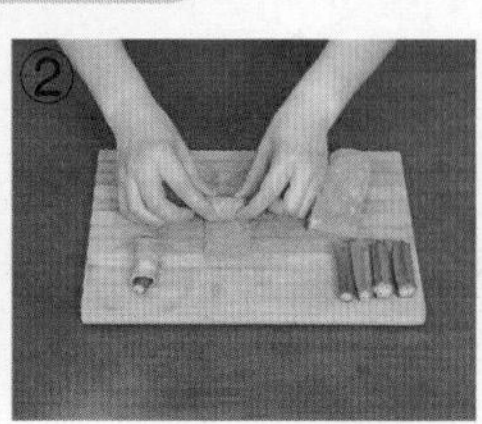

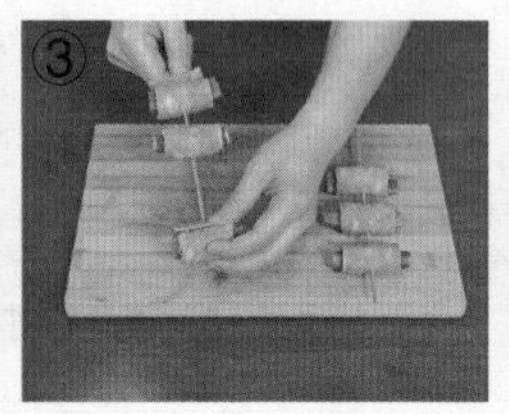

五彩蔬菜串

烹饪时间
5 分钟

原料

红、黄彩椒 180 克，洋葱 40 克

调料

食用油、盐、香草粉各适量

做法

1 红黄彩椒、洋葱处理好，切成小块。
2 将红黄彩椒、洋葱交叉串在竹签上。
3 蔬菜串放在烤架上，再均匀地刷上食用油，烤制 2 分钟。
4 撒上盐、香草粉，再烤至入味即可。

蔬菜块切得大小一致，能更好地受热均匀。

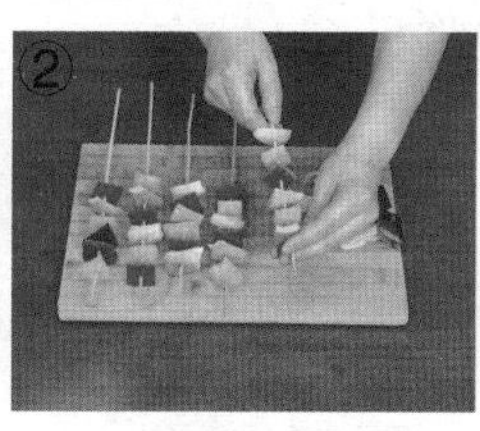

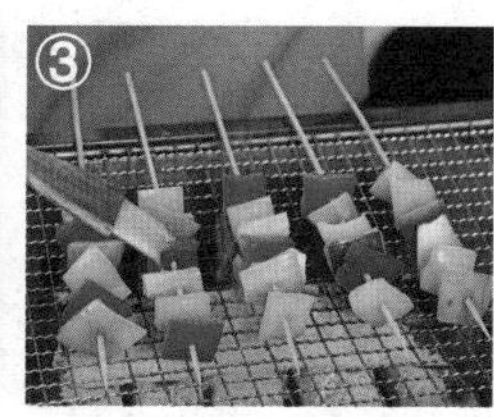

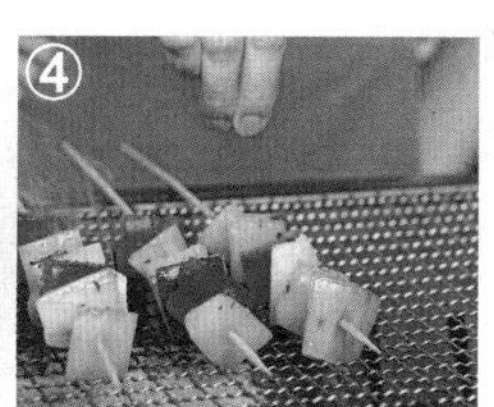

烤芝芯无骨鸡翅

烹饪时间
20 分钟

原料

鸡翅 6 只，芝士 30 克，蜂蜜适量

调料

盐 3 克，料酒 6 毫升，蚝油适量

做法

1 解冻洗净的鸡翅切去两头筋膜相连的地方。

2 抽去鸡翅中的两根骨头，装入碗中。

3 将盐、料酒、蚝油倒入鸡翅内。

4 再充分搅拌匀，腌渍 10 分钟。

5 将备好的芝士条插入鸡翅内，摆入盘中，刷上蜂蜜。

6 再放入预热好的烤箱内，上下火 160℃烤制 20 分钟即可。

鸡翅烤制后会缩小，所以芝士不要塞得太满。

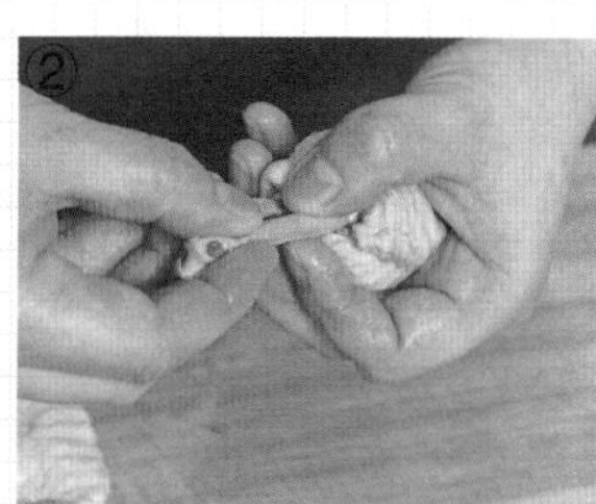

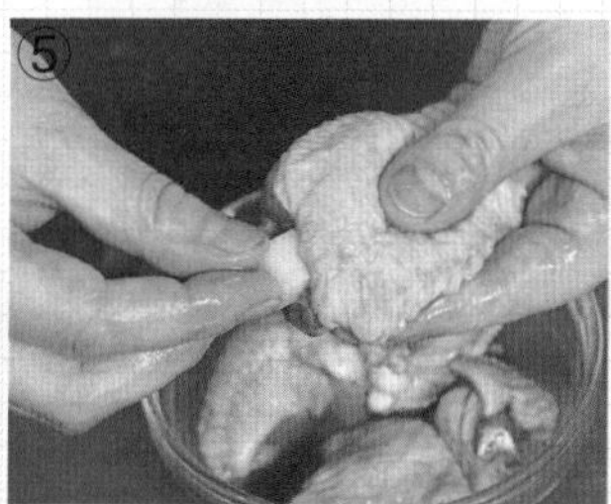

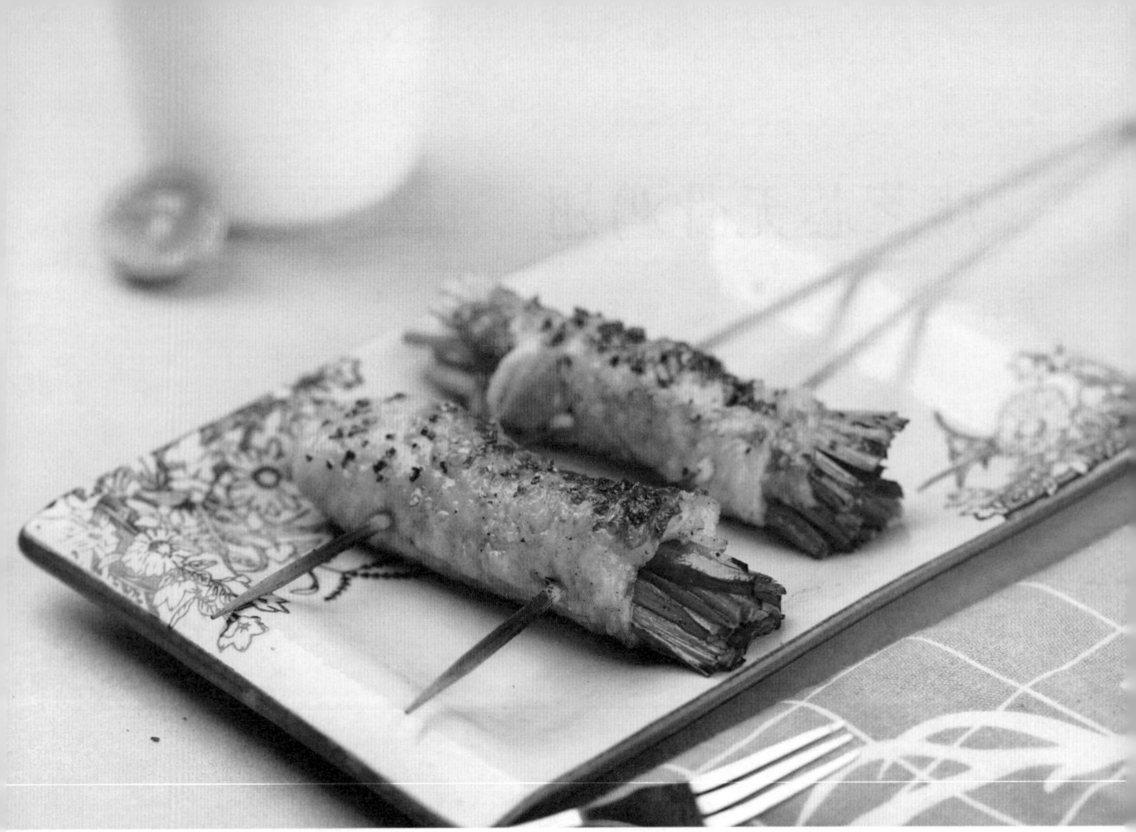

鸡皮卷韭菜

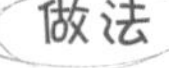

烹饪时间
8 分钟

原料

鸡皮 15 克，韭菜 40 克

调料

盐、黑胡椒各适量

做法

1 将鸡皮从鸡腿上剥下，修成合适的大小；韭菜切段。

2 用鸡皮将韭菜卷入。

3 用竹签逐一将鸡皮卷串起。

4 摆到烤架上，上色后两面撒上盐、黑胡椒，再烤至入味即可。

黑胡椒容易焦，可晚些撒入，会更美味。

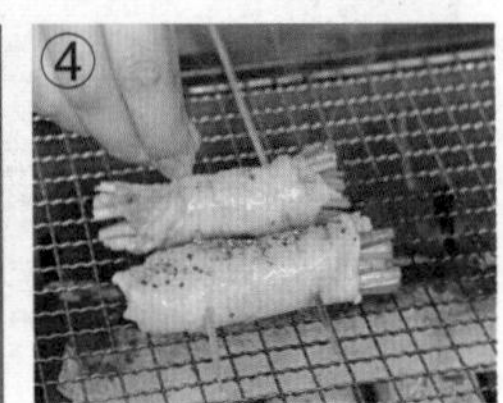

彩椒焗烤鲈鱼

烹饪时间
25 分钟

原料

鲈鱼 400 克，红、黄彩椒 150 克，香芹 40 克，洋葱 90 克，姜、葱各 20 克

调料

盐、黑胡椒粉各 3 克，料酒 10 毫升，食用油适量

做法

1 鲈鱼双面打上一字花刀，两面撒上 2 克盐、料酒、2 克黑胡椒粉，腌渍 15 分钟。鱼腹内塞入葱卷起来。

2 姜块去皮再切成丝，香芹切成段，洋葱切丝，用手抓散开；洗净的黄、红彩椒切成条，待用。

3 备好的烤盘上铺上锡纸，刷上油，放入腌渍好的鲈鱼，放入烤箱，将温度设置为 200℃，调上下火加热，烤 15 分钟。

4 在玻璃碗中放入香芹、洋葱、黄椒、红椒、盐、食用油、黑胡椒粉，搅拌均匀，铺在鲈鱼上，再放入烤箱，烤 10 分钟即可。

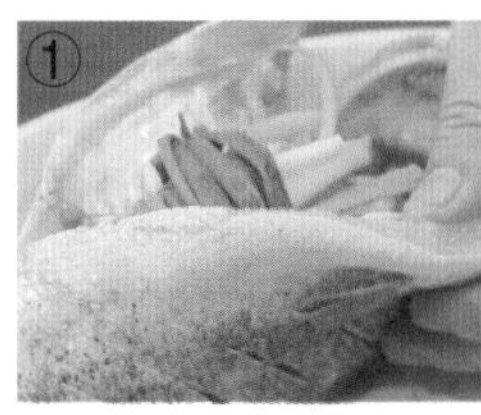
①

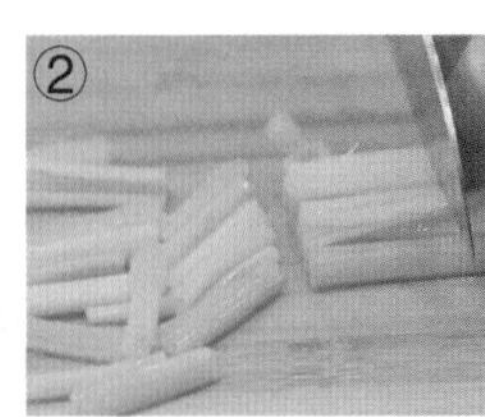
②

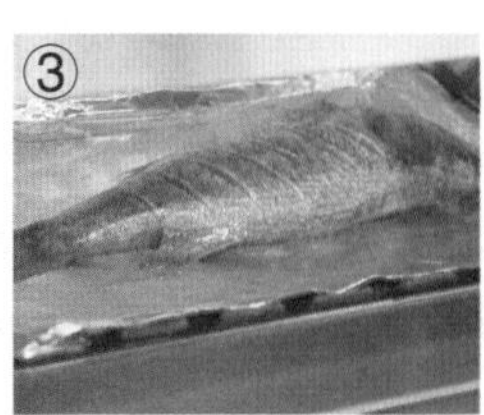
③

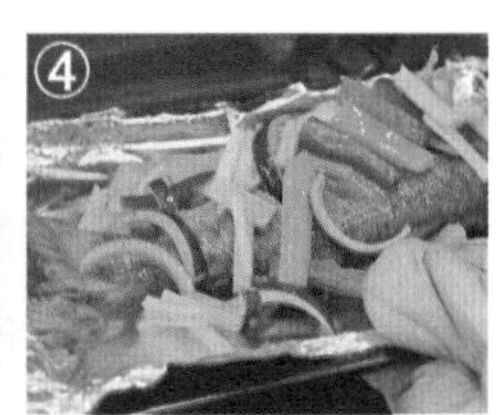
④

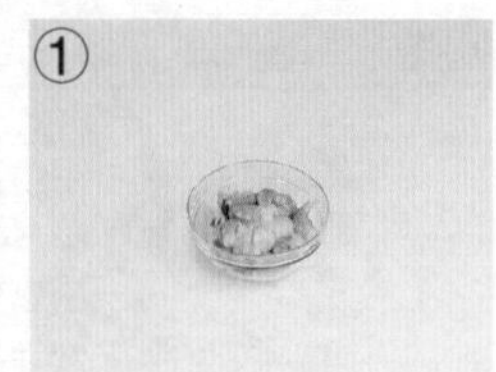

香辣海鲜串

烹饪时间
5 分钟

原料

虾仁 100 克，扇贝 50 克，青口 100 克，柠檬少许

调料

烧烤粉 5 克，盐 3 克，白胡椒粉 3 克，烧烤汁、食用油各适量

做法

1 将洗净的青口、扇贝、虾仁倒入容器中，挤入柠檬汁，撒入适量盐、白胡椒粉，拌匀，腌渍 5 分钟。

2 将腌好的食材用竹签依次穿成串，备用。

3 在烧烤架上刷适量食用油，将烤串放在烧烤架上，用中火烤 2 分钟至变色。

4 均匀地撒适量烧烤粉、盐，中火烤 2 分钟至上色，均匀地刷上烧烤汁，略烤片刻至烧烤汁干即可。

虾仁肉质细嫩，烤时应把握好时间和火候。

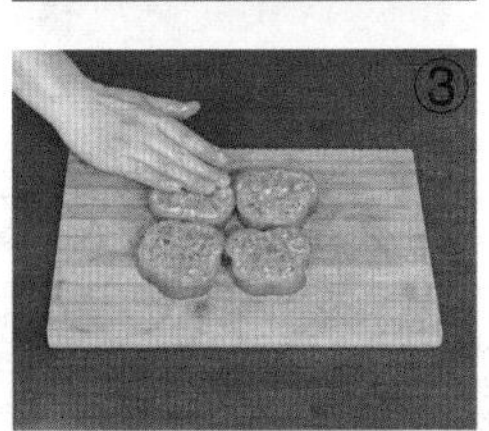

烤虾仁酿青椒

烹饪时间
15 分钟

原料

虾仁 40 克，肉末 20 克，洋葱末 20 克，菜椒 100 克，姜末少许

调料

盐、鸡粉、料酒、白糖、生粉各适量

做法

1 虾仁剁成虾泥，放入肉末中一起剁成馅，装入碗中，加入洋葱、姜末，拌匀。
2 在馅料内加入盐、鸡粉、料酒、白糖，充分拌匀入味。
3 青椒去头尾切成椒圈，填入馅料后两面拍上生粉。
4 放入预热好的烤箱内，上下火 180℃烤 15 分钟即可。

小贴士

馅料最好单向搅拌，会更好上劲，更美味。

照烧鸡肉芦笋串

烹饪时间
9 分钟

原料

鸡胸肉 100 克，芦笋 40 克，照烧酱汁适量

调料

盐少许

做法

1 芦笋切成段，鸡胸肉片成薄片。
2 用鸡肉将芦笋卷起。
3 再逐一用竹签串起。
4 放入烤架上烤至转色，浸入照烧酱汁续烤，反复 3 次后撒上少许盐烤至入味即可。

鸡胸肉较柴，可先放入盐水中浸泡，味道会更鲜嫩。

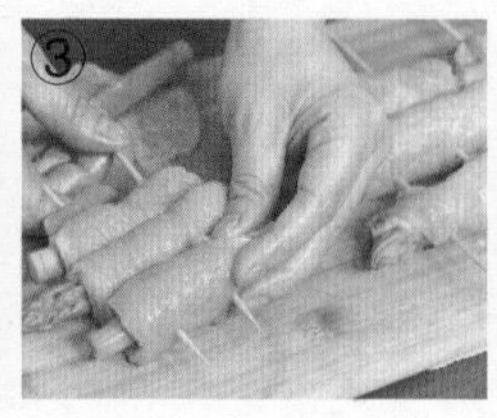

金针菇牛肉卷

烹饪时间
10 分钟

原料

牛肉 400 克，金针菇 100 克，西芹 30 克，胡萝卜 1 根

调料

盐 3 克，生抽 5 毫升，烧烤粉 5 克，烤肉酱 10 克，孜然粉、食用油各适量

做法

1 金针菇洗净，切去根部；西芹去皮，切成小条；洗净的胡萝卜切成小条；洗好的牛肉切成薄片，铺在砧板上，放上金针菇、西芹、胡萝卜，将牛肉卷成卷，并用牙签固定。

2 将牛肉卷摆入烤架，用中火烤至变色。

3 翻转牛肉卷，刷上食用油、生抽、烤肉酱，撒入烧烤粉、孜然粉，用中火至变色。

4 再次翻转牛肉卷，刷上生抽、烤肉酱、烧烤粉、孜然粉，用中火烤 2 分钟至熟，刷上适量食用油，烤熟后装入盘中即可。

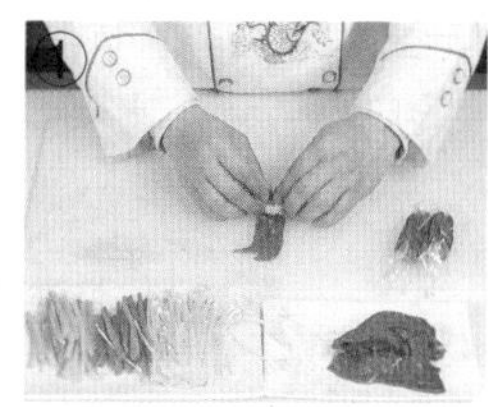

甘蓝牛肉串烧

烹饪时间
10 分钟

原料

牛肉 100 克，紫甘蓝、卷心菜各 50 克

调料

黑胡椒粉 2 克，盐 3 克，鸡粉 2 克，烧烤粉 2 克，孜然粉 2 克，橄榄油 5 毫升，生抽 5 毫升，食用油适量

牛肉卷封口的一面朝内穿起，烤时才不会散掉。

做法

1 将洗净的牛肉切片，再切条，改切成丁，装入碗中，撒入适量盐、鸡粉、生抽、橄榄油拌匀，再加入适量黑胡椒粉拌匀，腌渍 10 分钟至其入味。

2 洗净的卷心菜、紫甘蓝切成长条，备用。

3 取一条卷心菜，并放上牛肉块，慢慢地卷起，并用竹签串好，再取一条紫甘蓝，放上牛肉块，慢慢地卷起，穿在之前的竹签上。

4 在烧烤架上刷适量食用油，将烤串放在烧烤架上，刷上适量食用油，用中火烤 3 分钟至上色。

5 刷上适量食用油，撒上烧烤粉、盐，翻面，同样撒入适量烧烤粉、盐，用中火烤 3 分钟，至其入味。

6 将两面撒入适量盐、烧烤粉、孜然粉，用中火烤 1 分钟至熟即可。

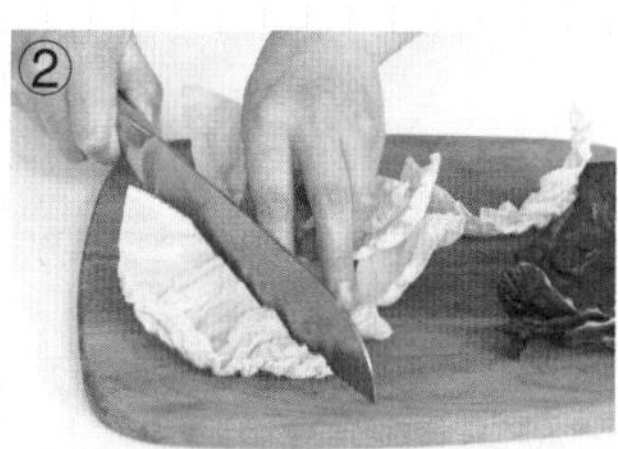

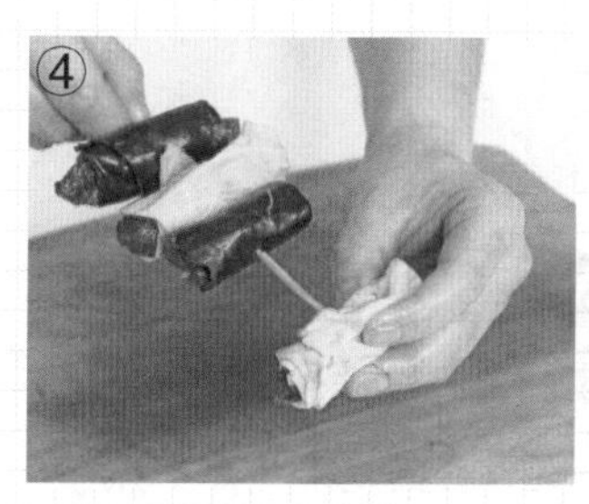

洋菇牛肉串

烹饪时间
10 分钟

原料

洋菇 40 克，牛肉 100 克，洋葱 30 克

调料

盐、辣椒粉、孜然粉各适量

做法

1 洋葱切成小块，牛肉切成小块后装入碗中。
2 将盐、辣椒粉、孜然粉放入碗中，搅拌匀腌至入味。
3 牛肉、洋葱、洋菇交叉串在竹签上，待用。
4 肉串放在烤架上，烤至转色后均匀地刷上食用油，将其烤至熟透即可。

牛肉最好选择油脂较多的部位，会更美味。

烤年糕

烹饪时间
15 分钟

原料

年糕 50 克，馄饨皮 20 克，蛋黄 2 个，白芝麻 10 克

调料

食用油适量

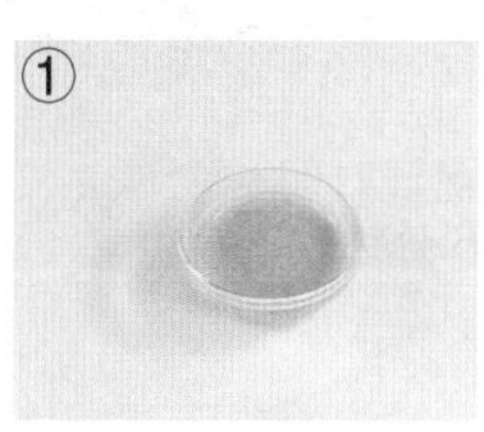

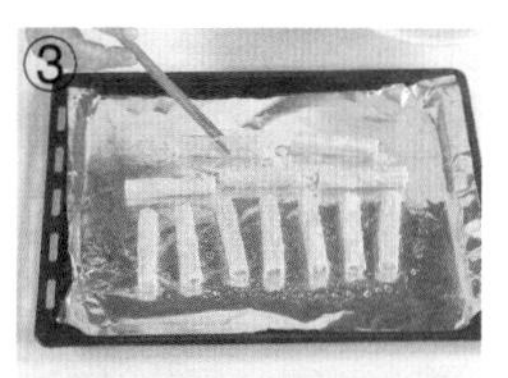

做法

1 将蛋黄中注入少许清水，制成蛋黄液。
2 将年糕放入馄饨皮中，卷起来，再抹上适量蛋黄液，将接口粘紧。
3 将蛋黄液涂抹在年糕上，撒上白芝麻；烤盘铺上锡纸，刷上食用油，放入年糕。
4 放入预热好的烤箱内，温度调为 170℃，选择上下火加热，烤 15 分钟即可。

小贴士

可根据自己的口味适量增加些喜欢的调料。

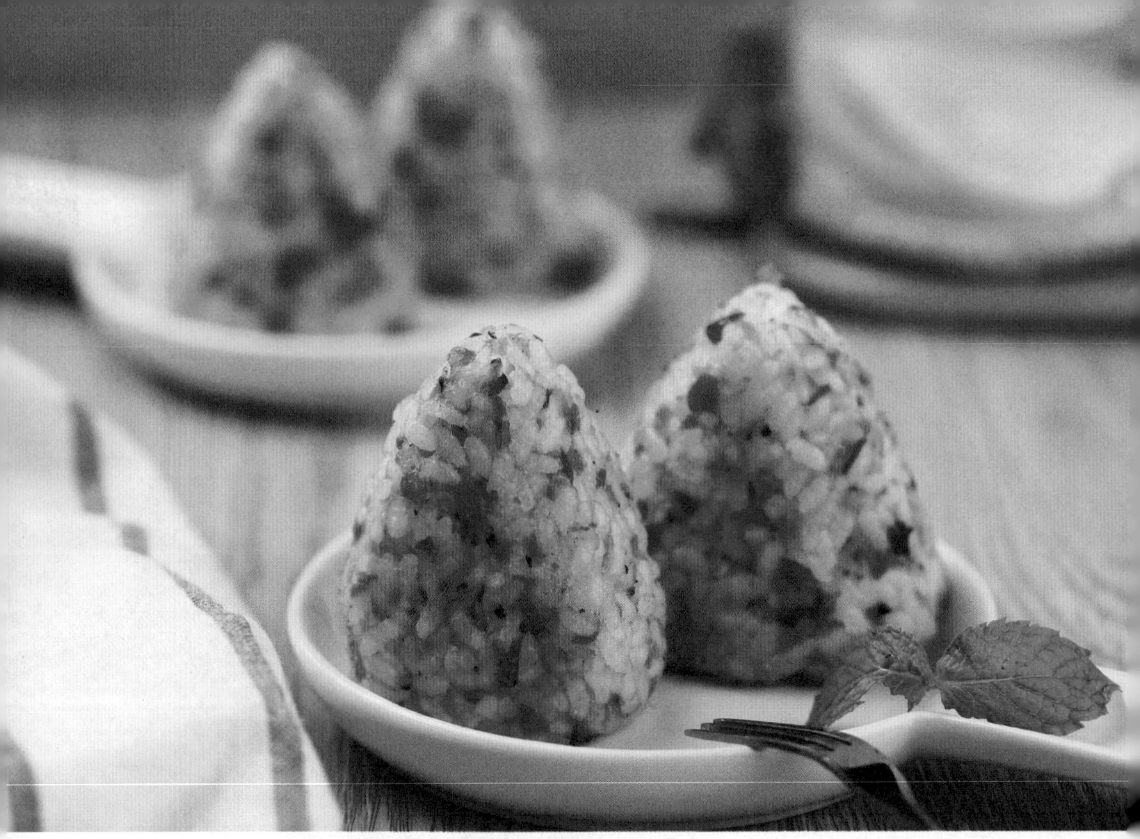

鲑鱼烤饭团

烹饪时间
5 分钟

原料

鲑鱼 150 克，米饭 200 克

调料

盐、黑胡椒、寿司醋各少许，食用油适量

小贴士

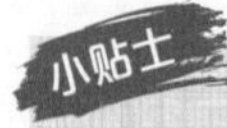

鲑鱼富含鱼油，所以在煎制时不用加入太多的油。

做法

1 处理好的鲑鱼用厨房用纸吸去表面水分，两面撒上盐、黑胡椒，腌 10 分钟。

2 热锅注油烧热，放入鲑鱼，两面用中火各煎 1 分钟，盛出，用勺子压碎。

3 米饭内加入寿司醋，充分拌匀后加入鱼肉碎，搅拌均匀，再逐一捏成饭团。

4 烤架上刷上食用油，放上饭团，大火烤至金黄色，翻面，再刷一下食用油，续烤 2 分钟即可。

①

②

③

④

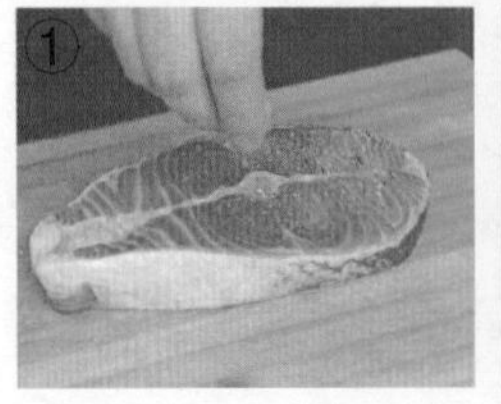

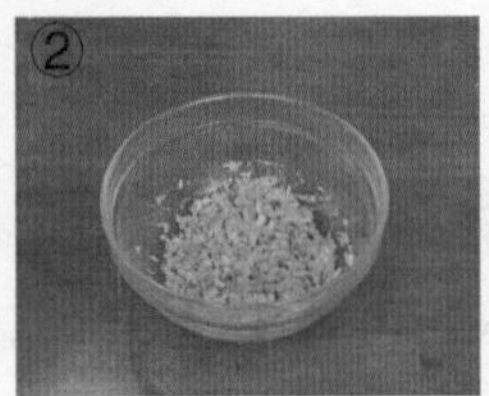

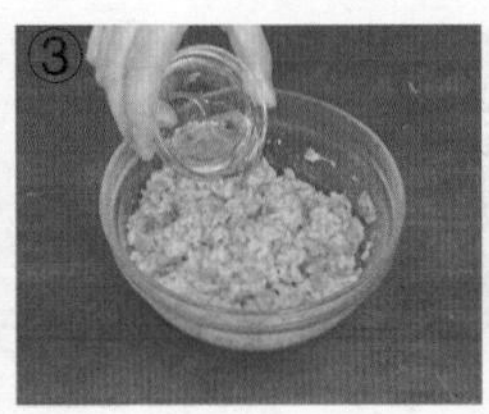

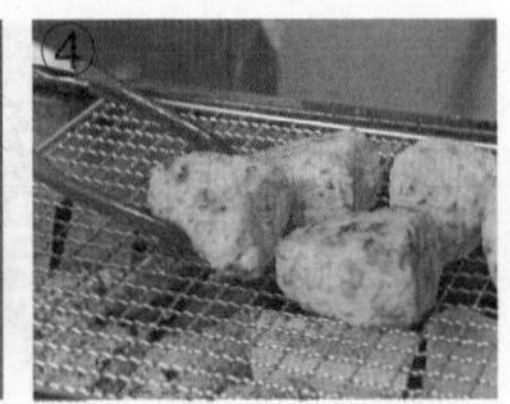

烤味噌饭团

烹饪时间
3 分钟

原料

米饭 150 克，味噌酱适量

做法

1 将放凉的米饭逐一捏制成饭团。
2 饭团放在烤架上，涂抹上味噌酱，烤出米饭的香味。
3 饭团翻面，再涂抹上味噌酱，将两面烤出焦香即可。

小贴士

味噌酱非常粘稠，可事先浇入少许水调稀后涂抹。

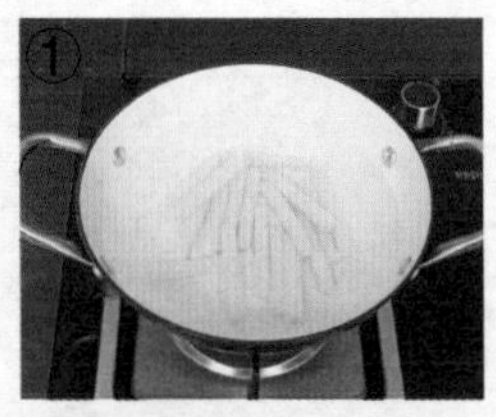
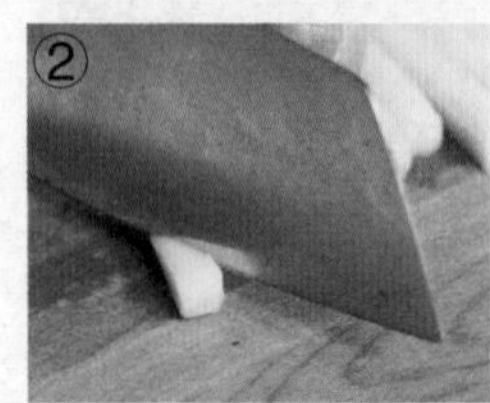
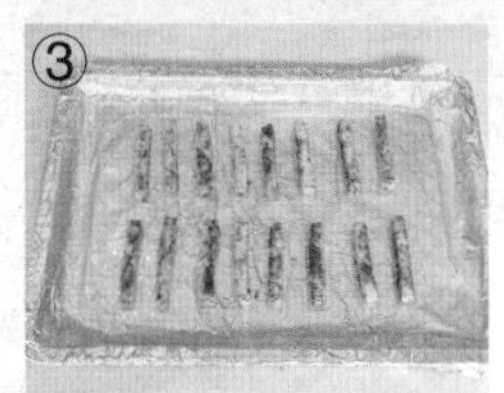

脆皮烤年糕

烹饪时间
20 分钟

原料

年糕 300 克

调料

辣椒粉、孜然粉、盐、食用油各适量

做法

1 锅中注水烧热，放入年糕，煮至年糕变软，捞出过凉水。
2 在年糕表面侧切几刀，以便入味。
3 烤盘里垫上锡纸，在锡纸上刷一层油，年糕两面撒上辣椒粉、孜然粉、盐，再刷一层油。
4 放入烤箱以 170℃烤 20 分钟即可。

宜用小火烤制，能使年糕内外受热均匀。

烤鱿鱼饭团

烹饪时间
13 分钟

原料

卷心菜 95 克，冷米饭 150 克，洋葱 60 克，玉米粒 40 克，鱿鱼 90 克

调料

黑胡椒 2 克，料酒 5 毫升，盐 1 克，食用油适量

做法

1 卷心菜切丝；洋葱切小块；鱿鱼切上十字花刀，再切粗条。

2 用油起锅，倒入洋葱、玉米粒后炒匀，倒入鱿鱼，炒香炒匀，加入料酒、盐、黑胡椒粉，拌匀后盛出。

3 取适量米饭，用手稍稍压扁，放入炒好的食材，将其搓揉成饭团。

4 用油起锅，放入饭团，煎约 1 分钟至底部微黄，放在烤盘上，放进预热好的烤箱内，上下火均为 200℃，烤 10 分钟至熟透即可。

小贴士

饭团可制成自己喜欢的大小。

锡纸小龙虾意面

烹饪时间
17 分钟

原料

小龙虾 400 克，意式通心粉 130 克，生姜、法香碎各少许

调料

盐、食用油、黑胡椒各适量

做法

1 锅中注水烧开，放盐、食用油，倒入通心粉，煮 5 分钟捞出后过一道冷水，待用。

2 洗净的小龙虾取壳，倒入爆香蒜末的油锅中，翻炒匀，加入生姜、白葡萄酒，煮开后转小火煮 10 分钟，析出虾壳的味道。

3 加入盐、黑胡椒，翻炒调味，滤去虾壳。

4 将虾仁放入锡纸盒内。

5 倒入通心粉，浇上虾壳汁，将纸盒封实。

6 把面放入预热好的烤箱内，上下火 180℃烤制 4 分钟后取出，撒上法香碎即可。

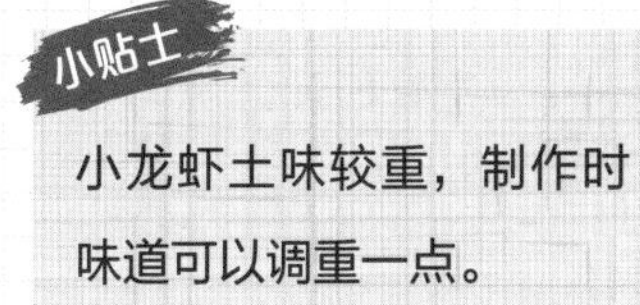

小贴士

小龙虾土味较重，制作时味道可以调重一点。

家庭意式千层面

烹饪时间
50 分钟

原料

肉末 250 克，洋葱末 40 克，意大利宽面 10 片，意面酱 70 克，蒜末 10 克，芝士碎 100 克，红酒、综合香草、帕玛森芝士粉各适量

调料

白糖 3 克，黑胡椒、橄榄油各适量

做法

1 锅注油烧热，倒入蒜末、洋葱末炒香，倒入肉末，快速翻炒松散。

2 倒入红酒，煮开去除酒味，加入意面酱、盐、黑胡椒，拌匀后加盖煮 20 分钟。

3 加入一半的芝士碎，搅至完全溶化，再撒上香草后拌匀，关火待用。

4 在焗盘内铺一层面，涂抹一层肉酱，撒上一层芝士碎，再铺一层面，反复至面用完。

5 放入预热好的烤箱内，上下火烤 25 分钟后取出，撒上帕玛森芝士粉即可。

里面配的酱料，可根据自己的喜好来搭配。

茄汁焗饭

烹饪时间
18 分钟

原料

西红柿 200 克，马苏里拉芝士 80 克，米饭 120 克，蒜末少许

调料

盐、食用油、芝麻油各少许

炖制米饭时，也可加入少许芝士，味道会更浓郁。

做法

1 西红柿上打上花刀，放入煮沸的水中略煮后捞出，撕去外皮，切成小块待用。

2 热锅注油烧热，倒入蒜末炒香后加入西红柿，翻炒均匀。

3 待西红柿煮至糊状，倒入米饭，翻炒至米饭松散，加入盐、芝麻油调味，再装入容器内，撒上芝士碎。

4 将容器放入预热好的烤箱内，上下火定为 180℃烤制 10 分钟即可。

奶油火腿焗饭

烹饪时间
13 分钟

原料

火腿 30 克，胡萝卜 40 克，青椒 40 克，米饭 120 克，马苏里拉芝士 80 克，淡奶油、蒜末各少许

调料

盐、橄榄油各适量

做法

1 火腿、胡萝卜、青椒切成丁，待用。

2 热锅注油烧热，倒入蒜末与切好的食材，翻炒出香味。

3 加入盐，翻炒调味后加入淡奶油，翻炒片刻。

4 倒入米饭，快速翻炒松散。

5 将炒好的饭盛出装入焗盘，撒上芝士碎。

6 焗盘放入预热好的烤盘内，上下火 180℃烤制 10 分钟即可。

不喜欢胡萝卜味道的人，
可事先汆道水后再烹制。

牛油果金枪鱼烤法棍

烹饪时间
12 分钟

原料

芝士碎 60 克，牛油果 145 克，罐头金枪鱼 45 克，法棍 85 克

调料

食用油适量

小贴士

法棍上的蔬菜和芝士可依个人口味和喜好任意添加。

做法

1 法棍切成厚片；洗净的牛油果切开，去核去皮，切块。
2 切好的牛油果放入捣罐里捣成泥，装碗，放入罐头金枪鱼，搅拌均匀，待用。
3 在烤盘上铺上锡纸，刷上食用油后放入法棍，在法棍上铺上牛油果金枪鱼泥，撒上芝士碎。
4 放入预热好的烤箱，上下火均为 190℃，烤 10 分钟即可。

①

②

③

④

焗烤蔬菜饭

烹饪时间 10 分钟

原料

熟米饭 230 克，去皮土豆 110 克，大葱 20 克，红椒 20 克，青椒 20 克，玉米粒 40 克，香草 1 克，芝士碎 20 克

调料

盐 3 克，食用油适量

做法

1 土豆、红椒、青椒、大葱均切成丁，待用。

2 将备好的烤盘铺上锡纸，刷上一层油。

3 在烤盘上铺上熟米饭，放上土豆、红椒、青椒、大葱、香草、盐、玉米粒、芝士碎。

4 将烤盘放入烤箱中，关上烤箱，将烤箱温度调为 200℃，选择上下管发热，时间调为 10 分钟即可。

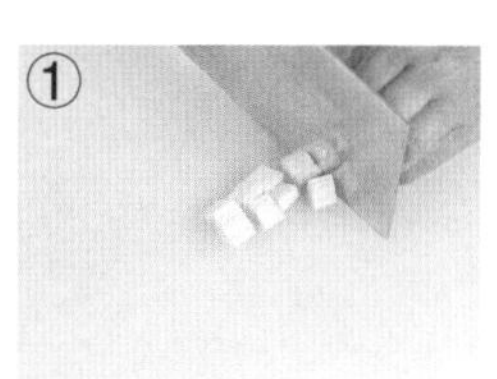

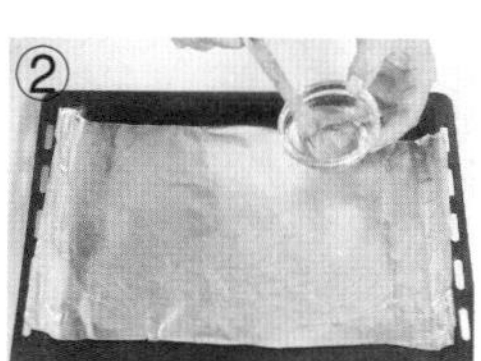

孜然烤馒头片

烹饪时间
20 分钟

原料

馒头 230 克

调料

盐、孜然粉各 2 克，食用油各适量

做法

1 馒头切厚片，烤盘铺上锡纸，放上馒头片，刷上食用油，撒上盐、孜然粉。

2 烤盘放入预热好的烤箱内，调上下火 180℃，烤 15 分钟。

3 打开箱门，取出烤盘，将馒头片翻过来，刷上食用油，撒上盐、孜然粉。

4 再放入烤箱，续烤 5 分钟至馒头片熟透入味即可。

调味也可根据自己的喜好而调整。

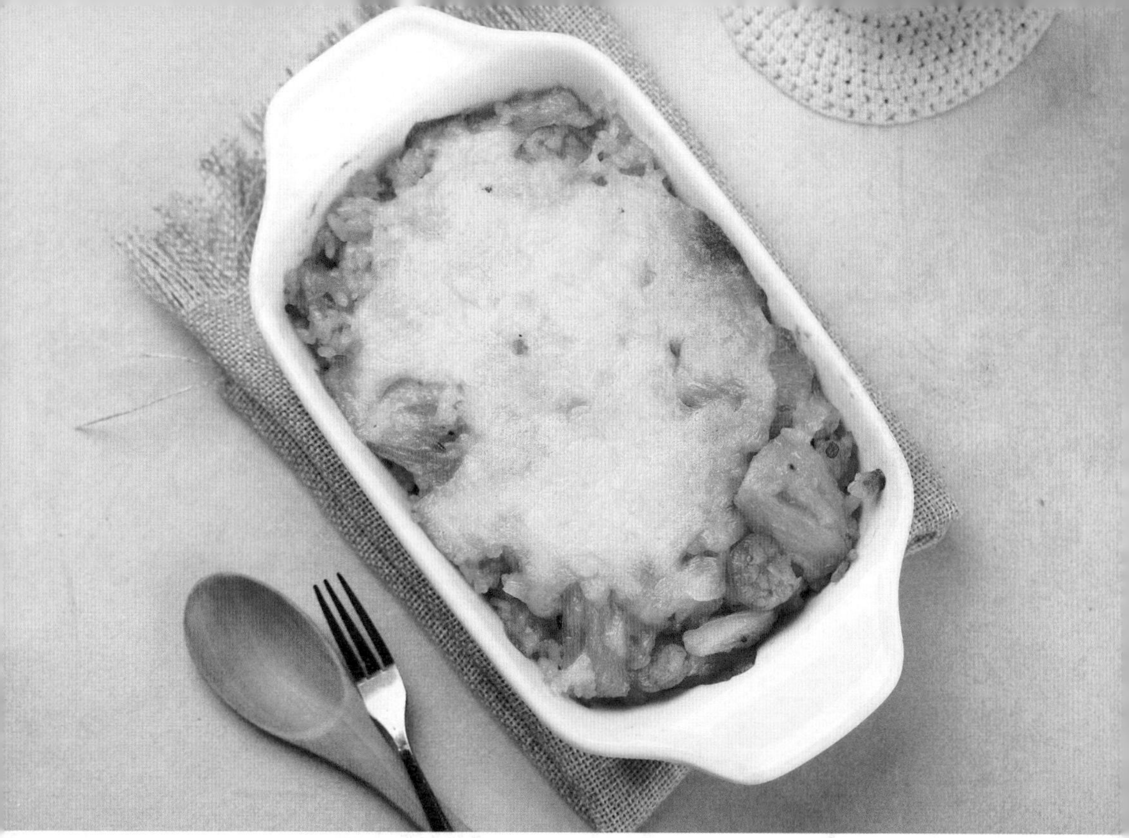

菠萝海鲜焗饭

烹饪时间
15 分钟

原料

菠萝 40 克，虾仁 20 克，米饭 150 克，蒜末少许

调料

番茄酱 20 克，苹果醋 30 毫升，盐、橄榄油各适量

做法

1 菠萝切成小块。

2 热锅注油烧热，放蒜末爆香，倒入虾仁、菠萝，翻炒均匀，加入番茄酱，炒匀。

3 加入盐、米饭后快速翻炒松散，加入苹果醋、盐，翻炒调味，盛入容器内，撒上芝士碎。

4 放入预热好的烤箱内，以上下火 180℃烤 10 分钟即可。

海鲜芝士焗面

烹饪时间
18 分钟

原料

鱿鱼 60 克，虾仁 30 克，细意面 80 克，芦笋 40 克，马苏里拉芝士 50 克，蒜末、白葡萄酒各适量

调料

盐、橄榄油各适量

做法

1 芦笋斜刀切成段；处理好的鱿鱼打上麦穗花刀，切成小块。

2 锅中注水烧开，倒入鱿鱼、虾仁，氽煮片刻，捞出过凉水，再倒入芦笋，氽烫后捞出。

3 热锅注水烧开，放入少许盐，下入意面，煮 4 分钟。

4 热锅注油烧热，倒入蒜末炒香，放入氽过水的食材，翻炒匀。

5 倒入白葡萄酒，翻炒去除酒精的苦味，加入盐，炒匀调味。

6 放入煮软的意面，充分翻炒匀，再盛出装入容器内，撒上芝士碎，放入预热好的烤箱内，上下火以 180℃烤 10 分钟。

要是家里没有葡萄酒，用柠檬汁代替也是可以的。

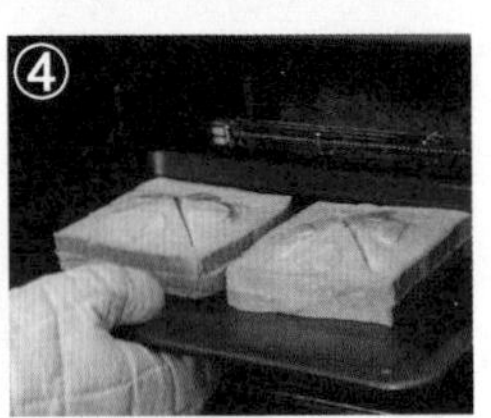

蒜香芝芯吐司

烹饪时间
5 分钟

原料

吐司 4 片，马苏里拉芝士 30 克，大蒜片少许

调料

橄榄油适量

做法

1 取 2 片吐司，在中间切十字花刀。
2 另外 2 片吐司撒上芝士碎，分别盖上处理好的吐司。
3 再撒上蒜片，刷上少许橄榄油。
4 放入预热好的烤箱内，以 190℃烤制 5 分钟即可。

小贴士

要是用厚吐司制作，花刀不要打穿，割一半后撕成夹层即可。

芝士茄子焗饭

烹饪时间
25 分钟

原料

茄子 100 克，奶油芝士 40 克，米饭 150 克，马苏里拉芝士 80 克，蒜末、法香末各少许

调料

食用油、盐各少许

做法

1 洗净的茄子斜刀切成片，放入煎锅内，小火烤软。

2 热锅注油烧热，倒入蒜末爆香，倒入米饭，翻炒松散后加入法香末，翻炒均匀加入盐调味，待用。

3 取容器，铺入米饭，再铺上奶油芝士，烤软的茄子片铺入一层，撒上马苏里拉芝士。

4 再放入预热好的烤箱内，上下火定为 190℃烤制 25 分钟即可。

奶油芝士可先用搅拌机打至蓬松后再加入，味道会更好。

培根蛋杯

烹饪时间
20 分钟

原料

鸡蛋 3 个，芝士碎 30 克，培根 15 克，红椒粒 20 克，香菜碎 15 克，全麦面包 18 克，蛋糕模具 3 个

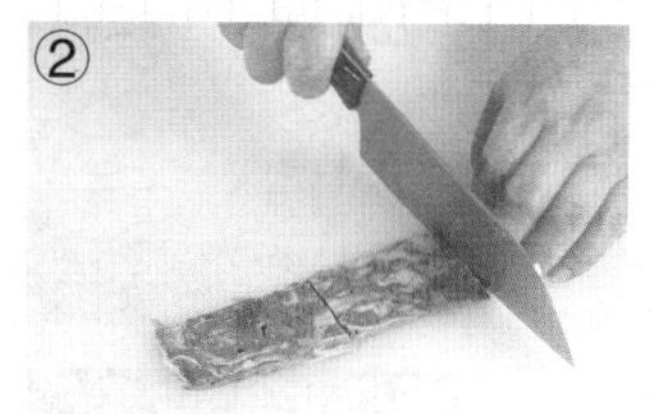

做法

1 将全麦面包对半切开。

2 备好的培根对半切开。

3 在备好的蛋糕模具中依次放上培根、面包、培根、鸡蛋、芝士碎、红椒粒、香菜碎，装入铺有锡纸的烤盘中。

4 将烤盘放入烤箱，关上烤箱，将温度调为 200℃，选择上下火发热，时间调为 20 分钟即可。

进烤箱前可撒上少许橄榄油，会更香酥。

西红柿罗勒焗饭

烹饪时间
15 分钟

原料

西红柿 200 克，米饭 150 克，芹菜粒、洋葱粒各 15 克，马苏里拉芝士、罗勒、蒜末各适量

调料

盐 3 克，芝麻油、橄榄油各适量

做法

1 西红柿放入烧开的热水中，略煮片刻，浸泡在冷水中，再将冷却的西红柿去皮，切成小块。

2 热锅注入橄榄油烧热，倒入蒜末、芹菜粒、洋葱粒，炒香，加入西红柿，将西红柿翻炒成酱汁状态，加入少许盐调味。

3 倒入米饭，快速翻炒匀后装入碗中，撒上马苏里拉芝士碎、罗勒、橄榄油。

4 将米饭放入预热好的烤箱内，上下火 170℃烤制 15 分钟即可。

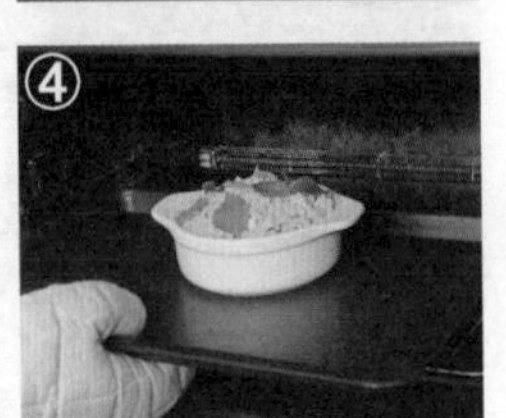

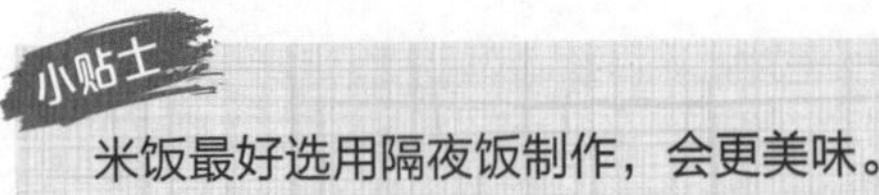

小贴士

米饭最好选用隔夜饭制作，会更美味。

鲜蘑派

烹饪时间
24 分钟

原料

口蘑 100 克，香菇 30 克，酥皮 1 大张，高汤、黄油各适量

调料

盐、黑胡椒各适量

做法

1 酥皮放入磨具内，使酥皮完全贴合模具。
2 黄油放入炒锅内加热，倒入切片的口蘑、香菇，翻炒出香味。
3 倒入高汤，加入盐、黑胡椒，翻炒至充分入味。
4 将其盛出装入碗中，放凉后加入鸡蛋，搅拌匀，倒入酥皮内。
5 模具放入烤盘，烤盘上加入少许清水，再放入预热好的烤箱内。
6 再以上下火 180℃烤制 20 分钟即可。

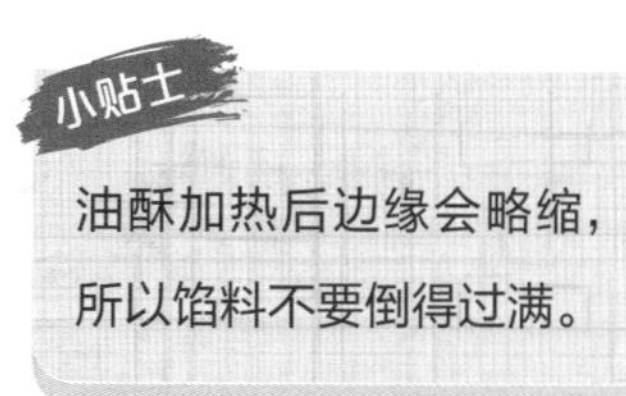

鲜菇肉片汉堡

烹饪时间
15 分钟

原料

生菜 75 克，猪瘦肉 90 克，洋葱 65 克，香菇 50 克，长条餐包 60 克

调料

盐 1 克，黑胡椒粉 5 克，料酒、生抽各 5 毫升，食用油适量

做法

1 将长条餐包用横刀切开。

2 把洗净的香菇切成粗条，洗好的洋葱、生菜切丝。

3 将洗好的猪瘦肉切片装碗，加入盐、生抽、料酒、黑胡椒粉拌匀，腌渍 10 分钟。

4 取出烤盘，铺上一层锡纸，刷上一层食用油，放入香菇、洋葱和腌好的瘦肉片。

5 将烤盘放入预热好的烤箱中，以上下火均为 180℃ 烤 15 分钟至熟透入味。

6 在一片餐包上放入生菜丝，再放入烤好的洋葱、香菇、肉片，叠上另一片餐包即可。

洋葱和香菇可撒上盐和黑胡椒，烤完的味道会更香。

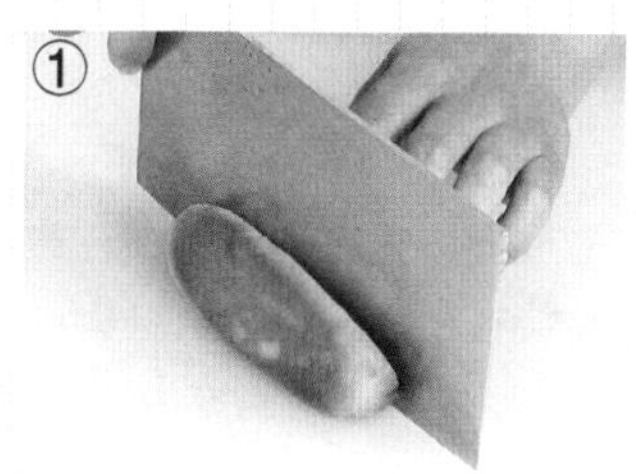

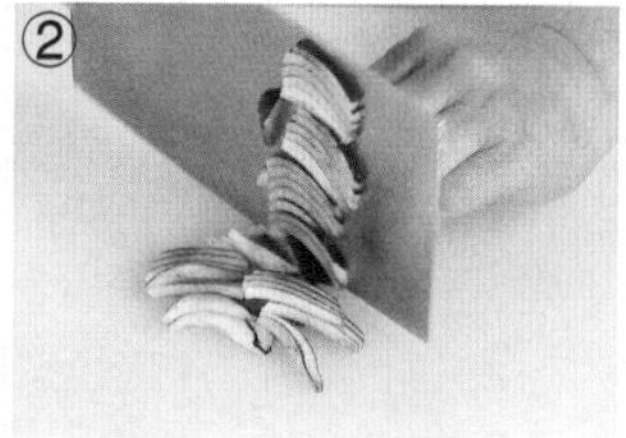

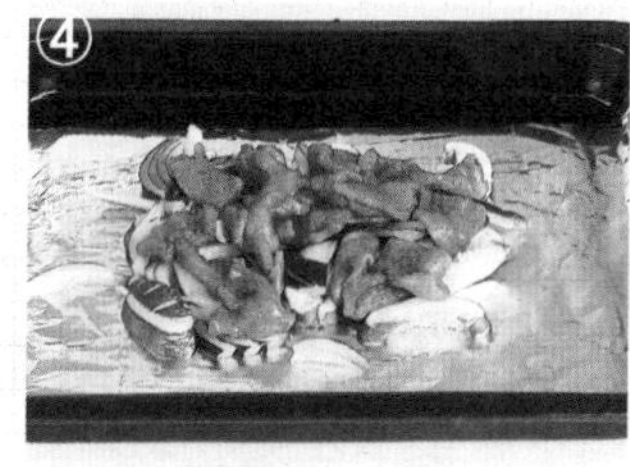

烤小烧饼

烹饪时间
15 分钟

原料

面粉 165 克，酵母粉 20 克，熟白芝麻 25 克，蛋液、葱花各少许

调料

盐 2 克，食用油适量

也可以用胡椒盐代替盐，味道会更美味。

做法

1 将面粉、酵母粉倒在案台上，用刮板开个小洞，分数次倒入清水，将材料混合揉搓成光滑的面团，放入撒有面粉的大碗中，用保鲜膜封好，发酵 60 分钟，最后分成两个面团。

2 取一个面团，用擀面杖擀成面皮，刷上食用油，撒上盐、葱花，卷成卷之后绕在一起，用擀面杖擀成饼状。另一个面团按照相同步骤操作，制成生坯。

3 烤盘中放上锡纸，刷上食用油，放入做好的生坯，将生坯两面分别刷上蛋液，撒上白芝麻。

4 烤盘放入预热好的烤箱内，将上下火温度调至 180℃，烤 15 分钟至烧饼熟即可。

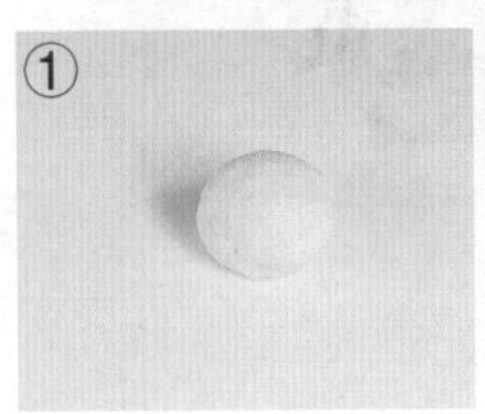

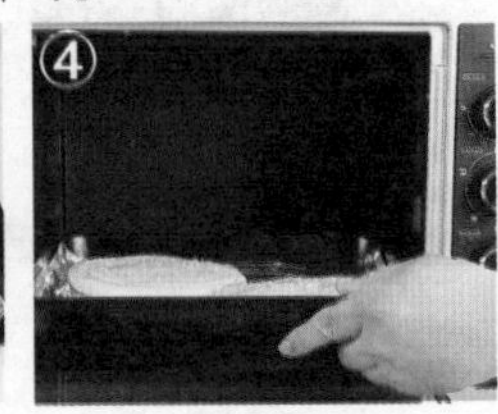

菠菜奶酪派

烹饪时间
45 分钟

原料

菠菜 150 克，淡奶油 200 克，鸡蛋 2 个，低筋面粉 250 克，黄油 125 克

调料

盐、黑胡椒碎各适量

小贴士

煮好的菠菜最好泡入冰水内，色泽会更好。

做法

1 面粉、盐装入碗中，倒入黄油，混合匀后搓成颗粒状，再倒入 1 个鸡蛋与少许清水，充分揉匀制成面团，包上保鲜膜，冷藏松弛 30 分钟。

2 松弛好的面团取出，擀制成 2~3 毫米的面片，铺入派模内，使面团充分贴合模具，再用叉子插上小孔。

3 热锅注水烧开，放入盐、菠菜，煮软后捞出。淡奶油装入碗中，加入 1 个鸡蛋、盐、黑胡椒，充分拌匀。

4 将菠菜铺在派皮上，倒入拌好的淡奶油。

5 模具放入预热好的烤箱内，上下火 190℃烤制 45 分钟即可。

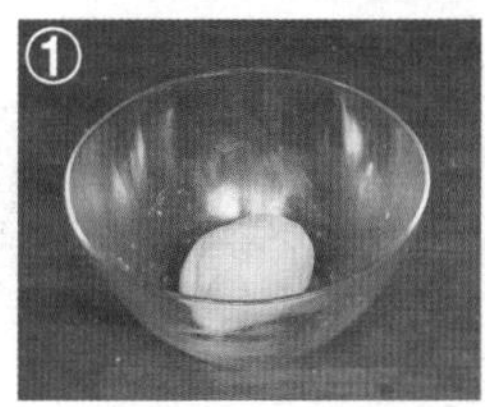

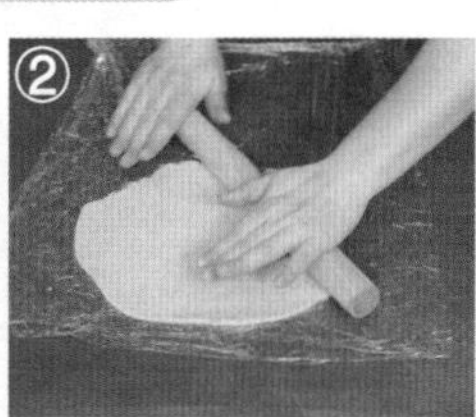

鲔鱼披萨

烹饪时间
15 分钟

原料

高筋面粉 150 克，酵母粉 9 克，番茄酱 20 克，罗勒叶、油浸鲔鱼各适量

调料

橄榄油适量

做法

1 将盐倒入面粉内，酵母倒入 80 毫升温水内拌匀后加入面粉内。

2 充分混合匀，揉制成面团后装入碗中，盖上保鲜膜静置 40 分钟，发酵成两倍大。

3 案台撒上少许面粉，放入发酵好的面团，将面团擀制成饼皮。

4 均匀涂抹上番茄酱。

5 铺上鱿鱼碎、芝士碎、罗勒叶，再撒上少许橄榄油。

6 将披萨放入预热好的烤箱内，以上下火 180℃烤制 15 分钟即可。

油浸的鲔鱼油脂较丰富，可吸去多余油脂后再压碎使用，可减少油腻感。

洋葱牛肉酥皮派

烹饪时间
26 分钟

原料

白洋葱 40 克，肥牛 50 克，酥皮 2 张，葡萄酒 50 毫升，蛋液少许

调料

盐、黑胡椒、食用油各适量

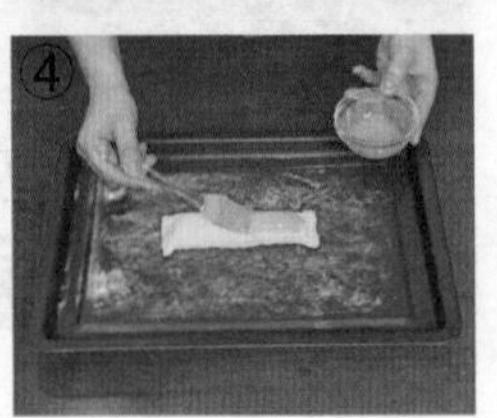

做法

1 洋葱切成丝。
2 将洋葱放入注油的煎锅内，翻炒至半透明。
3 加入肥牛，翻炒片刻，加入葡萄酒，继续翻炒至收汁。
4 取酥皮放入适量馅料，将酥皮卷起，两头粘连后用叉子压出花纹，再刷上蛋液。
5 放入预热好的烤箱内，上下火 200℃烤制 20 分钟即可。

要是家里没有烤箱，用油炸的方式烹制也一样美味。

洛林派

烹饪时间
45 分钟

原料

淡奶油 200 克，鸡蛋 2 个，低筋面粉 250 克，黄油 125 克，菠菜碎 150 克，培根 50 克

调料

盐、黑胡椒、食用油各适量

做法

1 面粉、盐装入碗中，倒入黄油，混合匀后搓成颗粒状。
2 再倒入 1 个鸡蛋与少许清水，充分揉匀制成面团，包上保鲜膜，冷藏松弛 30 分钟。
3 松弛好的面团取出擀制成 2~3 毫米的面片，铺入派模内，使面团充分贴合模具，再用叉子插上小孔。
4 培根切成小块，放入热油锅内，翻炒出香味。
5 淡奶油内加入 1 个鸡蛋、盐、黑胡椒，充分拌匀制成馅料。
6 炒好的培根铺入派皮内，倒入拌好的蛋奶液，撒上菠菜碎。
7 模具放入预热好的烤箱内，上下火 190℃烤制 45 分钟即可。

小贴士

派皮贴合模具时可取一小块面团包入保鲜膜内，用来按压派皮，使其与模具更贴合。

shining

培根芝士鸡蛋卷

烹饪时间
12 分钟

原料

鸡蛋 4 个，吐司 2 片，培根 4 片，芝士碎适量

调料

盐、黑胡椒粉各适量

做法

1 用圆形模具分割吐司片，摆入烤盘。

2 模具边缘围上培根。

3 在吐司上打入鸡蛋。

4 撒上少许盐与黑胡椒粉。

5 再放入芝士碎。

6 烤箱预热 200℃，放入烤盘，烤 12 分钟至芝士微焦即可。

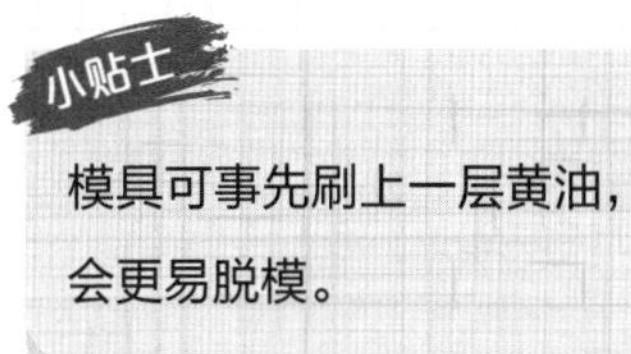

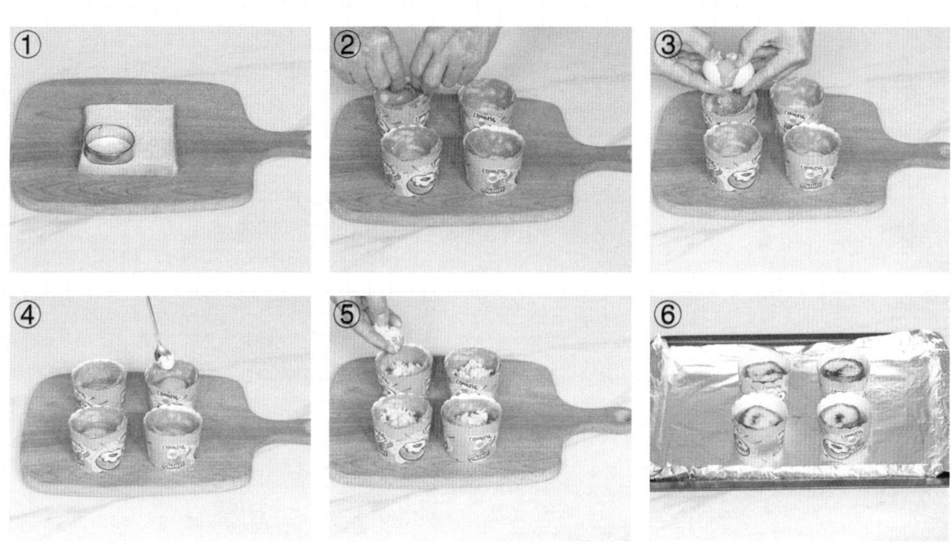

热马芬三明治

烹饪时间
15 分钟

原料

吐司 120 克，鸡蛋 200 克，火腿 30 克，芝士、黄油各适量

调料

蛋黄酱 40 克

做法

1 将白吐司面包片切去边缘，用擀面杖擀成薄片，每片都刷上溶化的黄油。
2 将面包片塞到马芬模具里，然后放一小片火腿，再打入 1 个鸡蛋。
3 加一大勺蛋黄酱上，再擦一些芝士丝在表面。
4 在吐司边边上刷一点溶化的黄油，放入预热好的烤箱内，以上下火 180℃烤 15 分钟即可。

也可以直接用白酱代替，味道一样美味。

牛油果坚果三明治

烹饪时间
10 分钟

原料

牛油果 200 克，吐司 2 片，黑芝麻、腰果各适量

调料

盐、黑胡椒各少许

做法

1 牛油果去核去皮，果肉倒入碗中用搅拌机打成果泥。
2 将盐、黑胡椒加入果泥内，充分搅拌均匀。
3 将果泥涂抹在吐司上，撒上黑芝麻，摆放上腰果。
4 将吐司放入预热好的烤箱内，以上下火 190℃烤制 10 分钟即可。

牛油果一定要选择成熟了的，不然味道会非常苦涩。

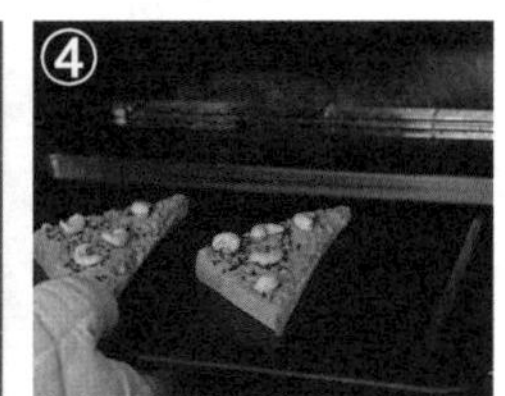

麻酱烧饼

烹饪时间
20 分钟

原料

中筋面粉 300 克，酵母 12 克，熟芝麻 150 克，麻酱 110 克

调料

盐 8 克，蜂蜜 10 克，花椒粉 10 克，五香粉 3 克

做法

1 酵母、面粉倒入碗中，加入水混合匀揉成面团，静置发酵成两倍大。

2 芝麻酱里倒入盐、花椒粉、五香粉，混合均匀备用。

3 面团分割成 4 个面团，取其中一个，擀成薄饼。

4 均匀涂抹麻酱，从一头卷起来，切成一块一块的，再将两头封口，往下按扁，擀成小圆饼。

5 蜂蜜和水调和均匀，刷在饼上，芝麻倒在盘里，均匀地蘸上一层，放入烤盘。

6 烤盘放入预热好的烤箱内，以 180℃烤 20 分钟即成。

发酵的环境跟口感有直接的关系，最好放在温暖潮湿的地方发酵。

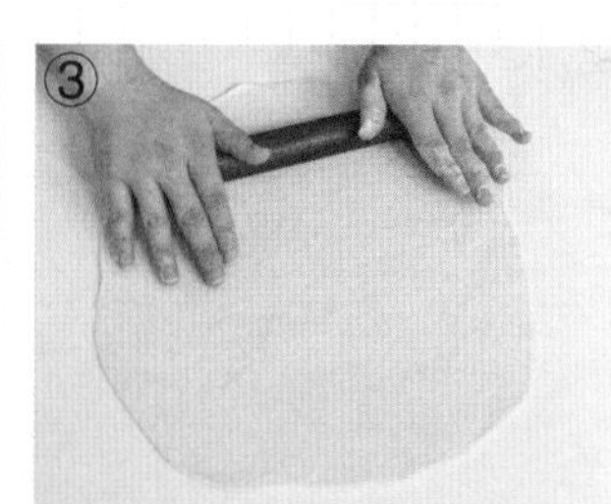

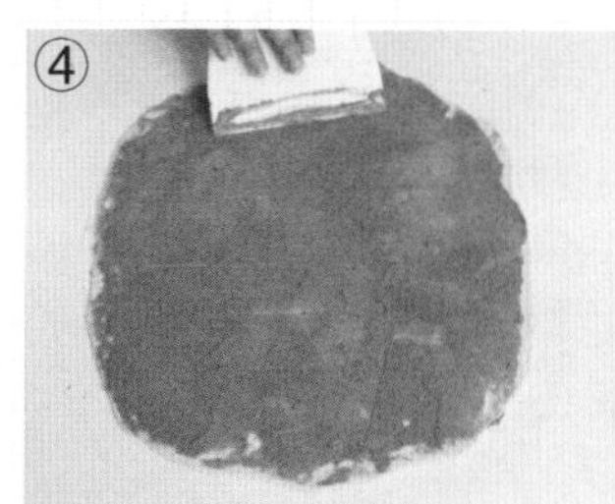

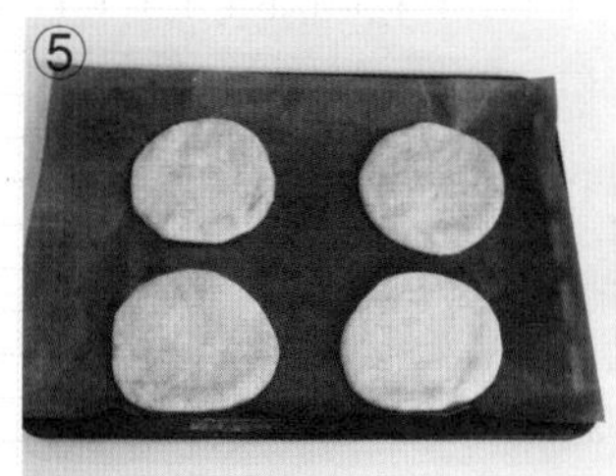

热带风情三明治

烹饪时间
10 分钟

原料

吐司 2 片，菠萝 150 克，马苏里拉芝士球 50 克

做法

1 菠萝切成片，芝士球切厚片，待用。
2 取吐司，铺一层菠萝片，放上两片芝士，盖上一片吐司。
3 吐司放入预热好的烤箱内，上下火 170℃烤制 10 分钟即可。

喜欢吐司烤脆一点的，也可刷少许黄油，会更香脆。

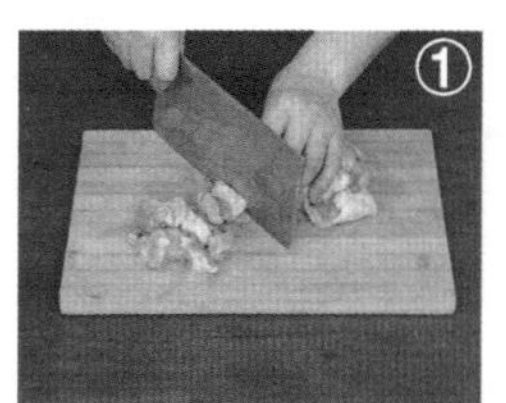

和风鸡肉焗面

烹饪时间
24 分钟

原料

鸡腿肉 100 克，白洋葱 30 克，意面 80 克，马苏里拉芝士 60 克，葱花、姜末各少许

调料

生抽 5 毫升，味淋 8 毫升，盐 3 克，白糖 2 克，食用油适量

做法

1 鸡腿肉切成小块；洋葱切成丝；生抽、味淋、白砂糖、盐倒入碗中拌成调味汁。

2 锅中注水烧开，放入盐、意面，大火煮 6 分钟至熟软。

3 热锅注油烧热，倒入洋葱，翻炒至半透明，加入鸡肉，翻炒至转色后倒入调味汁，拌匀炖煮至鸡肉熟，放入意面，拌匀煮 1 分钟，盛出装入焗盘中。

4 焗盘放入预热好的烤箱内，上下火 180℃烤制 10 分钟即可。

芝士泡菜焗饭

烹饪时间
14 分钟

原料

五花肉 40 克，韩式泡菜 30 克，马苏里拉芝士 40 克，米饭 150 克，蒜末少许

调料

盐 3 克，食用油、白糖各少许

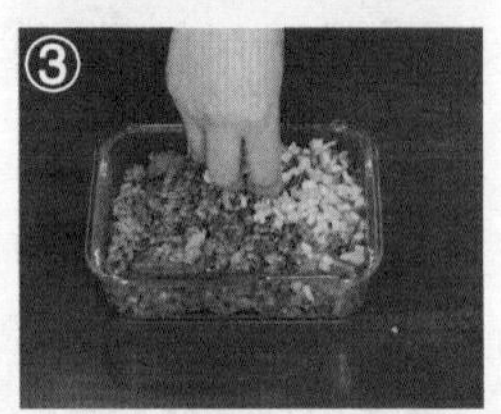

做法

1 五花肉切成薄片，泡菜切碎，待用。
2 热锅注油烧热，放入蒜末、五花肉，炒出香味。
3 倒入泡菜，快速炒匀，倒入米饭，加盐、白糖，充分翻炒均匀，再盛入容器中，撒上芝士碎。
4 将容器放入预热好的烤箱内，上下火 180℃烤 10 分钟即可。

五花肉油脂丰富，煎炒时可以多煎片刻，去除多余油脂，会更美味。

玉米芝士三明治

烹饪时间
7 分钟

原料

香草面包 1 个，罐头玉米半罐，青椒、甜椒各 20 克，洋葱 30 克，美乃滋适量，碎马苏里拉芝士适量

调料

做法

1 将罐头玉米倒出，沥干水分。
2 将洋葱洗净，切成和玉米粒相似大小。
3 将青椒、甜椒去籽洗净，切成和洋葱相似大小。
4 把玉米、青椒、甜椒、洋葱均匀混合。
5 再加入美乃滋，轻轻搅拌，避免压坏蔬菜，做成玉米沙拉。
6 用面包刀将意式香草面包切成 2 片薄片。
7 在面包的切面上铺满玉米沙拉，再撒上碎马苏里拉芝士。
8 将面包放入预热 200℃的烤箱，大约烤 7 分钟，让芝士溶化，呈黄金焦黄即可。

还可在面包表面刷上黄油，会更酥脆。

牧羊人派

烹饪时间
20 分钟

原料

土豆 180 克，西红柿 200 克，肉末 60 克，香芹 20 克，蒜末适量

调料

盐、黑胡椒、食用油各适量

做法

1 西红柿烫去皮，切成小块；处理好的香芹切成粒。

2 洗净的土豆切成块，放入加盐的沸水中煮至熟透。

3 土豆捞出，去皮后压碎，加入盐、黑胡椒搅拌匀，待用。

4 热锅注油烧热，倒入蒜末、肉末，翻炒出香味，至转色，倒入香芹、西红柿，翻炒均匀。

5 加入盐，翻炒调味后盖上锅盖，转中火炖煮至西红柿融化，盛出装入碗中，铺上土豆泥，再用叉子在土豆泥上划上花纹。

6 将派放入预热好的烤箱内，上下火 180℃烤制 20 分钟即可。

小贴士

压碎的土豆泥不宜大力画圈搅拌，因为土豆中里面还剩有的淀粉会使土豆泥上筋，丧失蓬松的口感。

法式吐司咸布丁

烹饪时间
15 分钟

原料

吐司 150 克，鸡蛋 60 克，牛奶 100 毫升，黄油适量

调料

盐、白糖各适量

做法

1 吐司修去四边，切成小块。
2 鸡蛋打入碗中，倒入牛奶，搅拌均匀后加入盐、白糖，拌匀制成蛋奶。
3 模具内均匀地抹上黄油，放入吐司块，再浇上蛋奶，静置半小时，使蛋液完全被吸收。
4 将模具放入预热好的烤箱内，上下火 170℃烤 15 分钟即可。

要是家里没有烤箱，也可用黄油煎制，味道一样美味。

黄桃派

烹饪时间
30 分钟

原料

低筋面粉 250 克，黄油 125 克，黄桃 100 克，鸡蛋 2 个，淡奶油 120 克

调料

盐、白砂糖各适量

做法

1 面粉、盐装入碗中，倒入黄油，混合匀后搓成颗粒状。
2 再倒入 1 个鸡蛋与少许清水，充分揉匀制成面团，包上保鲜膜，冷藏松弛 30 分钟。
3 取出松弛好的面团，擀制成 2~3 毫米的面片，铺入派模内，使面团充分贴合模具，再用叉子插上小孔。
4 黄桃切成小块，均匀地铺在派皮上，撒上一层白砂糖，放入预热好的烤箱内，上下火 220℃烤 10 分钟。
5 将淡奶油倒入碗中，加入 1 个鸡蛋和白砂糖，充分拌匀。
6 打开烤箱，将蛋奶倒入派皮，再撒上一层白砂糖，放入烤箱上下火 200℃烤 20 分钟即可。

做好的面团不宜揉捏太久，以免出油，影响质量。

西红柿米饭盅

烹饪时间
22 分钟

原料

米饭 80 克，西红柿 150 克，圆椒 30 克，胡萝卜 40 克，培根 40 克

调料

盐、黑胡椒粉各 3 克

做法

1 洗净的圆椒、培根、胡萝卜均切成丁。

2 洗净的西红柿去蒂，底部切去部分，掏空果肉，做成西红柿盅。

3 热锅注油，放入胡萝卜炒香，倒入培根、圆椒、熟米饭，炒匀。

4 加入盐、黑胡椒粉，炒匀入味，将炒好的米饭放入西红柿盅里面待用。

5 备好一个烤盘，将西红柿盅摆放在烤盘上。

6 将烤盘放入烤箱，将上下火温度设置为 180℃，时间设置为 8 分钟即可。

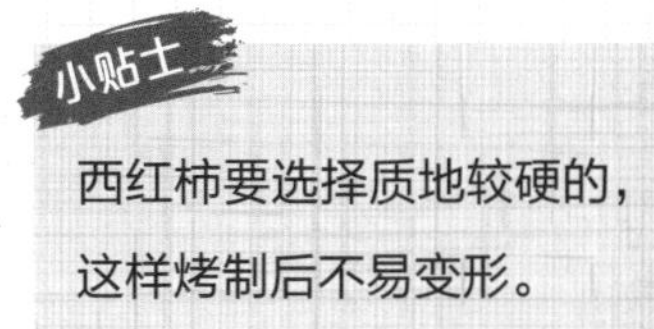

小贴士

西红柿要选择质地较硬的，这样烤制后不易变形。

①

②

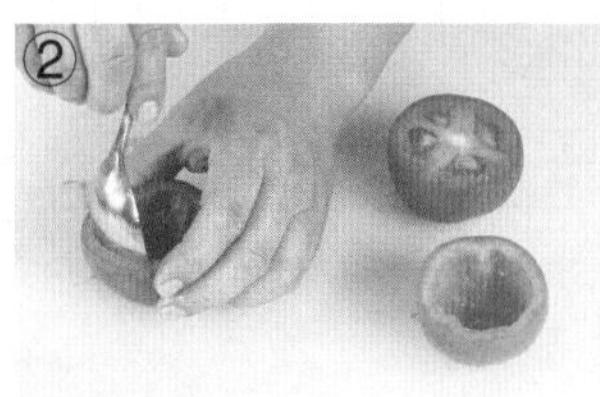

③

④

⑤

⑥

西葫芦奶油塔

烹饪时间
25 分钟

原料

低筋面粉 250 克，黄油 125 克，淡奶油 130 克，西葫芦 60 克，大葱 30 克

调料

盐 6 克，黑胡椒各适量

做法

1 面粉、盐装入碗中，倒入黄油，混合匀后搓成颗粒状。
2 再倒入鸡蛋与少许清水，充分揉匀制成面团，包上保鲜膜放入冰箱，冷藏松弛 30 分钟。
3 松弛好的面团取出，擀制成 2~3 毫米的面片，铺入塔模内，使面团充分贴合模具，再用叉子插上小孔。
4 鸡蛋、淡奶油倒入碗中，加入盐、黑胡椒，充分搅拌均匀。
5 大葱切成段，西葫芦切成片，待用。
6 蛋奶液倒入塔皮内，放入大葱、西葫芦片，撒上少许胡椒盐。
7 模具放入预热好的烤箱内，上下火 180℃烤制 25 分钟即可。

要是想让蛋奶液更顺滑，最好再将蛋奶过两道筛。

美味牛油果塔

烹饪时间
63 分钟

原料

低筋面粉 250 克，黄油 125 克，牛油果 80 克，鸡蛋 40 克，淡奶油少许

调料

盐 3 克，白糖适量

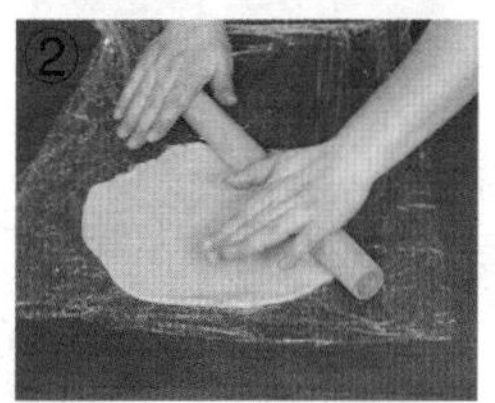

做法

1 面粉、盐装入碗中，倒入黄油，混合匀后搓成颗粒状，再倒入鸡蛋与少许清水，充分揉匀制成面团，包上保鲜膜，冷藏松弛 30 分钟。

2 松弛好的面团取出，擀制成 2~3 毫米的面片，铺入备好的派模内，使面团充分贴合模具，擀去多余的面片，再用叉子插上小孔。

3 牛油果去皮核，将果肉打成果泥，加入盐、鸡蛋、淡奶油，搅拌匀制成馅料，倒入塔皮内。

4 将模具放入烤箱内，上下火 180℃烤制 30 分钟即可。

派皮熟后会略缩，使用模具周边可挤压出一点边缘。

菠萝鲜虾披萨

烹饪时间
15 分钟

原料

高筋面粉 150 克，酵母 9 克，菠萝 200 克，虾仁 40 克，马苏里拉芝士 70 克，西柚果酱少许

调料

盐 2 克

做法

1 将盐倒入面粉内，酵母倒入 80 毫升温水内拌匀后加入面粉内。

2 充分混合匀，揉制成面团后装入碗中，盖上保鲜膜静置 40 分钟，发酵成两倍大。

3 菠萝处理干净，切成小块。

4 案台撒上少许面粉，放入面团，将发酵好的面团擀制成饼皮，涂抹上西柚果酱。

5 均匀地摆放上菠萝、虾仁，再撒上芝士碎。

6 将披萨放入预热好的烤箱内，以上下火 180℃烤制 15 分钟即可。

高筋面粉比较吸水，所以面团不宜做得太干，以免影响发酵。

蔬菜乳蛋饼

烹饪时间
42 分钟

原料

西洋菜 200 克，鸡蛋 3 个，奶油 50 克，低筋面粉 250 克，黄油 125 克，蒜末少许

调料

盐、食用油、黑胡椒各适量

四周多出的酥皮也可刷上蛋液，味道会更香酥。

做法

1 面粉、盐装入碗中，倒入黄油，混合匀后搓成颗粒状。

2 再倒入 1 个鸡蛋与少许清水，充分揉匀制成面团，包上保鲜膜，冷藏松弛 30 分钟。

3 松弛好的面团取出，擀成较薄的面皮，铺入派模内，使面团充分贴合模具。

4 多余的面片不规则地堆叠在四周，再用叉子插上小孔，垫上烘焙纸，放入压重石，放入烤箱 180℃烤 10 分钟。

5 热锅注油烧热，倒入蒜末翻炒爆香，倒入切碎的西洋菜，翻炒片刻至软，放凉后铺入面皮内。

6 鸡蛋打入碗中，加入奶油、盐、黑胡椒，充分拌匀后倒入模具内。

7 将模具放入预热好的烤箱内，上下火 170℃烤 30 分钟即可。

杂粮焗饭

烹饪时间
30 分钟

原料

糯米 40 克，黑米 40 克，小米 30 克，马苏里拉芝士 70 克

调料

白糖少许

做法

1 把糯米、黑米、小米倒入碗中，注入少许清水，清洗干净。
2 将脏水滤去后倒入电饭锅内，注入适量清水，撒入适量白糖，盖上锅盖将杂粮饭焖熟。
3 焖制好的杂粮饭盛出装入碗中，撒上芝士。
4 将杂粮饭装入容器，放入预热好的烤箱内，上下火 180℃烤制 10 分钟即可。

糯米较难煮熟，可以事先用水泡发，会更易煮熟。

和风牛肉馅饼

烹饪时间
30 分钟

原料

肥牛 60 克，白洋葱 40 克，酥皮 2 片，牛蒡 30 克，蛋液适量

调料

盐、味淋、白砂糖、生抽、食用油各适量

做法

1 洋葱切成丝，牛蒡洗净切成丝，待用。

2 热锅注油烧热，倒入洋葱丝，翻炒拌至透明状。

3 倒入肥牛，快速翻炒，加入味淋、生抽、白砂糖，翻炒匀入味。

4 加入牛蒡翻炒匀，加入盐制成内馅，关火待用。

5 酥皮修成四方形，放入适量的内馅，再盖上一片等大的酥皮，四周捏合后用叉子压上花纹，撒上少许蛋液，划上刀痕。

6 馅饼放入预热好的烤箱内，上下火 200℃烤制 20 分钟即可。

馅料一定要炒干，以免搞得到处都是，酥皮不好粘连。

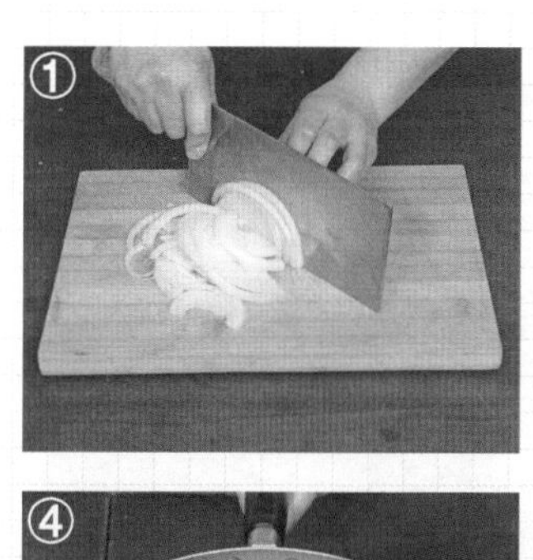

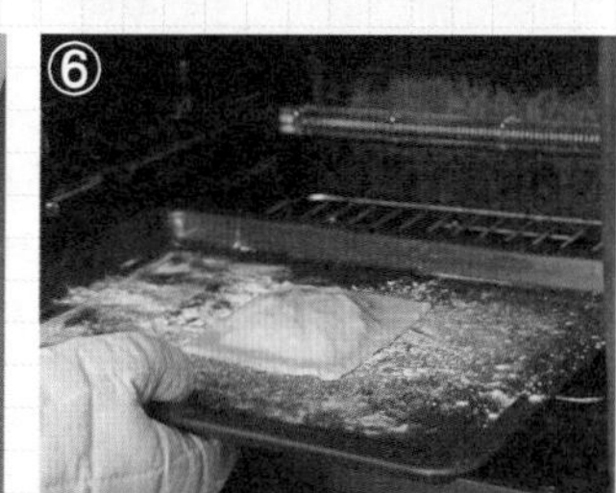

白酱焗通粉

烹饪时间
20 分钟

原料

通心意面 150 克，白酱 100 克，口蘑片 20 克，马苏里拉芝士 30 克，黄油、蒜末各少许

调料

盐、黑胡椒碎、橄榄油各适量

做法

1 锅中注入清水烧开，放入盐、意面，中火煮 5 分钟至软。
2 黄油倒入锅中加热，倒入蒜末、口蘑，翻炒出香味。
3 倒入白酱，翻炒均匀后倒入煮好的意面，充分炒匀，盛出装入容器内，撒上芝士碎。
4 放入预热好的烤箱内，上下火 170℃烤制 10 分钟即可。

口蘑不宜煎太久，以免煎得太干，影响味道。

南瓜派

烹饪时间
45 分钟

原料

低筋面粉 250 克，黄油 125 克，南瓜 150 克，鸡蛋 2 个，淡奶油适量

调料

盐 3 克，食用油、白砂糖各适量

做法

1 面粉、盐装入碗中，倒入黄油，混合匀后搓成颗粒状。
2 再倒入 1 个鸡蛋与少许清水，充分揉匀制成面团，包上保鲜膜，冷藏松弛 30 分钟。
3 松弛好的面团取出，擀制成 2~3 毫米的面片，铺入派模内，使面团充分贴合模具，再用叉子插上小孔。
4 南瓜去皮切成小块，放入烧开的蒸锅内，大火蒸 10 分钟至熟后取出放凉。
5 装入碗中，压制成泥，加入白砂糖、1 个鸡蛋、淡奶油，充分拌匀后倒入派皮内，撒上一层白砂糖。
6 将模具放入预热好的烤箱内，上下火 190℃烤制 30 分钟即可。

南瓜泥本身就有蔬菜的甜香，所以不需加入太多糖。

焗彩椒芝士饭

烹饪时间
25 分钟

原料

米饭 250 克，彩椒 2 个，洋葱 1/4 个，芝士 60 克，切达芝士丝 60 克，酸奶油 30 克，奶油 15 克，高汤 30 毫升，香菜末适量

调料

盐、胡椒粉、红椒粉各适量

做法

1 洋葱切丁，放入锅中用奶油炒软。

2 加入米饭、酸奶油、芝士、盐、胡椒粉，炒匀。

3 加入少许高汤，拌炒至米饭吸满水分。

4 彩椒对半切开后去籽，填入炒好的米饭，撒上切达芝士丝。

5 放入预热好的烤箱中，上下火 170℃烤约 20 分钟后取出。

6 撒上红椒粉与香菜末即可。

彩椒外层可刷上一层黄油后烤制，味道会更香脆。

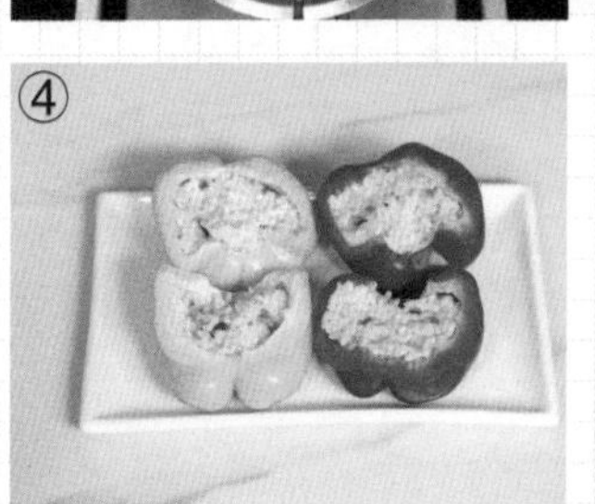

迷你蔬菜咸派

烹饪时间
20 分钟

原料

菠菜140克，鸡蛋1个，淡奶油100克，酥皮3张

调料

盐、黑胡椒各适量

做法

1 洗净的菠菜切碎，酥皮修成与模具差不多的大小。
2 淡奶油、鸡蛋装入碗中，充分混匀后加入菠菜、盐、黑胡椒，拌匀制成馅料。
3 酥皮垫入模具内，填入适量馅料，将四角向内收。
4 将模具放入预热好的烤箱内，以上下火190℃烤制20分钟即可。

菠菜也可事先炒一下再混入馅料，会多几分油香。